Série A, N° 37
N° D'ORDRE
428

THÈSES

PRÉSENTÉES

A LA FACULTÉ DES SCIENCES DE PARIS

POUR OBTENIR

LE GRADE DE DOCTEUR ÈS SCIENCES NATURELLES

PAR

G. CAPUS

ATTACHÉ AU LABORATOIRE DE CULTURE DU MUSÉUM D'HISTOIRE NATURELLE

1re THÈSE. — Anatomie du tissu conducteur.

2e THÈSE. — Propositions données par la Faculté.

Soutenues le 26 juillet 1879 devant la Commission d'examen.

MM. DUCHARTRE............. *Président.*
DE LACAZE-DUTHIERS. } *Examinateurs.*
VAN TIEGHEM........ }

PARIS

G. MASSON, ÉDITEUR

LIBRAIRE DE L'ACADÉMIE DE MÉDECINE

Boulevard Saint-Germain, en face de l'École de médecine

1879

ACADÉMIE DE PARIS

FACULTÉ DES SCIENCES DE PARIS

Doyen	MILNE EDWARDS, Professeur.	Zoologie, Anatomie, Physiol. comparée.
Professeurs honoraires.	DUMAS.	
	PASTEUR.	
Professeurs	CHASLES	Géométrie supérieure
	P. DESAINS	Physique.
	LIOUVILLE	Mécan. rationnelle.
	PUISEUX	Astronomie.
	HÉBERT	Géologie.
	DUCHARTRE	Botanique.
	JAMIN	Physique.
	SERRET	Calcul différentiel et intégral.
	H. SAINTE-CLAIRE DEVILLE	Chimie.
	DE LACAZE-DUTHIERS	Zoologie, Anatomie, Physiol. comparée.
	BERT	Physiologie.
	HERMITE	Algèbre supérieure.
	BRIOT	Calcul des probabilités, Physiq. math.
	BOUQUET	Mécanique et physique expérimentale.
	TROOST	Chimie.
	WURTZ	Chimie organique.
	FRIEDEL	Minéralogie.
	OSSIAN BONNET	Astronomie.
Agrégés	BERTRAND	Sciences mathémat.
	J. VIEILLE	*Id.*
	PELIGOT	Sciences physiques.
Secrétaire	PHILIPPON.	

PARIS. — IMPRIMERIE EMILE MARTINET, RUE MIGNON, 2

A

M. DECAISNE

MEMBRE DE L'INSTITUT

Hommage de respectueuse reconnaissance.

A

M. JULIEN VESQUE

DOCTEUR ÈS SCIENCES.

Hommage de reconnaissance et d'amitié.

ANATOMIE

DU TISSU CONDUCTEUR

Par M. G. CAPUS.

INTRODUCTION.

HISTORIQUE.

En 1823, Amici découvrit le boyau pollinique sur le stigmate du *Portulaca*.

Avant cette époque, on acceptait des hypothèses plus ou moins erronées, basées sur des faits incomplétement observés.

Morland (1) admettait, en 1703, que le pollen était la base de l'embryon, et que le grain de pollen descendait dans la cavité ovarienne. Il admettait donc l'existence d'un canal stylaire pour toutes les plantes. Cependant cette hypothèse d'une migration du grain de pollen dans le style fut bientôt renversée par Séb. Vaillant, dans son discours remarquable sur la structure des fleurs (2).

Une opinion qui, à cette époque, ralliait beaucoup de botanistes, et dont parle Adanson, consistait à admettre que les poussières fécondantes contiennent un « esprit volatil », dont la subtilité ne doit pas être inférieure au fluide électrique « qui pénètre dans les trachées » qui terminent la surface des stigmates, descend sur le placenta, pénètre les graines et en féconde l'embryon (3).

Hales, comme Morland, pense que les poussières fécon-

(1) Morland, *Some new Observations upon the parts and use of the flower in Plants* (*Philosoph. Transact.*, 1703, vol. XXIII, p. 1474).

(2) *Discours sur la structure des fleurs, etc.*, prononcé le 10 juin 1717. Leyde, 1727, p. 16.

(3) M. Adanson, *Famille des plantes*, I, p. 121.

dantes sont recueillies par le pistil, d'où elles sont conduites dans la capsule séminale (1).

Spallanzani (2), ayant observé avec cette sagacité et cette exactitude qui lui étaient propres un certain nombre de pistils, a trouvé que dans quelques-uns « il y avait un canal de la cime vers le fond, c'est-à-dire du stigmate à l'ovaire; que dans quelques autres, ce canal ne s'étendait qu'à la moitié du pistil, et même pas si loin, et qu'enfin, dans d'autres, on ne voyait aucun canal ». Spallanzani avait vu en outre s'écouler toujours un certain temps entre l'apparition de l'embryon et la présence des poussières fécondantes sur le stigmate.

Quand, en 1823, Amici (3) découvrit le boyau pollinique, on avait admis généralement que le contenu du grain de pollen, la favilla, se dispersait sur le stigmate par suite de la rupture du grain du pollen, et que la favilla, contenant le fluide fécondant, était transmise à l'ovaire par la partie vasculaire du style pour arriver à l'ovule par le cordon ombilical.

Ce n'est qu'en 1826 que Brongniart (4) a vu le boyau pollinique s'introduire par le stigmate jusqu'à une certaine distance dans le tissu conducteur, et en même temps son extrémité engagée dans le micropyle de l'ovule. Dans ce travail remarquable, qui est devenu pour ainsi dire la base des recherches ultérieures sur la fécondation, Brongniart établit clairement le rôle du tissu conducteur : « Jamais, dit-il, le tissu qui sert à la transmission du fluide fécondant, depuis le stigmate jusqu'au placenta, ne se continue dans le cordon ombilical, et jamais surtout il n'accompagne les vaisseaux nourriciers jusqu'à la chalaze. Dans toutes les plantes où il est facile de le distinguer par sa texture ou par sa couleur, on le voit venir se terminer en face de l'ouverture du tégument de l'ovule... » Il

(1) Hales, *Statique des végétaux*, chap. VII, 1779, p. 287.

(2) Spallanzani, *loc. cit.*, p. 392.

(3) Amici, *Ann. des sc. nat.*, 1re série, t. II.

(4) Brongniart, *Mémoire sur la génération et le développement de l'embryon dans les végétaux phanérogames* (*Ann. des sc. nat.*, 1re série, 1827, t. XII, p. 244).

est curieux que Brongniart, après avoir vu le boyau pollinique s'introduire dans le tissu du stigmate et cheminer assez loin dans le tissu conducteur du style, et après avoir vu un tube analogue dans le micropyle de l'ovule, n'ait pu s'affranchir tout à fait des théories erronées de cette époque pour admettre que le boyau pollinique, issu du grain de pollen, s'ouvre dans les interstices ou canaux formés par les espaces interutriculaires du tissu conducteur, et que ce fluide fécondant ou ces « granules spermatiques » soient récoltés par un boyau émanant du micropyle.

Dans une lettre à Mirbel, publiée en extrait dans les *Annales des sciences naturelles* de 1830, Amici (1) annonce qu'il a vu les boyaux polliniques des grains de pollen du stigmate s'allonger peu à peu, descendre dans le style, et aller se mettre en contact avec l'amande. Il a vu qu'à chaque ovule correspondait un boyau pollinique.

Amici admet qu'une fois entré dans le tissu conducteur, le boyau en reçoit une nourriture et un accroissement de matière, pour pouvoir se distendre jusqu'à la longueur nécessaire.

Brongniart fait remarquer, à la suite de cette communication, qu'une dissection délicate lui a toujours montré les appendices tubuleux du pollen se terminant dans le tissu même du stigmate, dans un certain nombre de plantes, mais qu'il est porté à croire que ceci pourrait bien arriver parce que les plantes étaient trop récemment fécondées.

Or, depuis cette époque, le fait a été constaté par un grand nombre d'observateurs, parmi lesquels il faut citer : R. Brown, Schleiden, Horkel, Wydler, Tulasne, Radlkofer, etc.

Depuis les beaux travaux de Brongniart et de R. Brown, on s'est singulièrement peu occupé de voir comment se comporte le boyau pollinique dans sa marche vers la cavité ovarienne. Une fois qu'on avait constaté qu'il ne s'ouvre pas à l'intérieur du tissu conducteur pour déverser la favilla, mais

(1) Amici, *Note sur le mode d'action du pollen sur le stigmate,* extrait d'une lettre de M. Amici à M. Mirbel (*Ann. sc. nat.*, nov. 1830).

qu'on avait acquis la certitude que c'est bien lui qui pénètre dans le stigmate et qui va féconder les vésicules embryonnaires, on a porté une attention bien plus minutieuse aux phénomènes essentiels de la fécondation et aux effets qui la suivent, qu'au mode de vie du boyau pollinique dans le style et au tissu qui le nourrit. On s'était contenté de savoir que le boyau pollinique suit tantôt les parois d'un « canal stylaire » tapissé d'un tissu particulier ou « tissu conducteur » (*tela conductrix*), auquel on avait reconnu, dans certains cas, des qualités physiques et chimiques qui le rendaient apte à le conduire et à le nourrir ; que, d'autres fois, le boyau est forcé de pénétrer à travers un style non percé d'un canal. On ne connaissait d'ailleurs que fort peu le rôle que joue le tissu conducteur plein.

Si l'étude anatomique spéciale du tissu conducteur et des variations qu'il présente dans les différentes familles était de la sorte négligée au profit de questions bien plus importantes, il n'en était pas de même de l'étude morphologique du stigmate. Les différences dans la configuration extérieure du sommet du style pouvaient donner de précieux renseignements à la botanique systématique, et ceux-ci furent largement mis à profit. Comme le stigmate n'était pas encore devenu l'objet de recherches microscopiques comparées, on désignait sous le nom de *stigmate* (*Stigma-Narbe*) toute la partie supérieure du style, quelque peu modifiée dans sa forme ou son aspect, sans faire une distinction entre le vrai stigmate et les parties du style moins intéressées à la conservation du boyau pollinique.

Enfin les différences morphologiques des stigmates de beaucoup de plantes ont été étudiées avec beaucoup de soin, quand on s'est occupé des différents modes d'imprégnation du stigmate et des effets de la fécondation croisée, à la suite des belles idées de M. Darwin sur la fécondation croisée et directe.

Sprengel, en 1793, avait déjà travaillé dans cette direction. Les expériences de M. Darwin ont provoqué un grand nombre de travaux excellents de MM. H. Müller, F. Müller, Hildebrand, et surtout Delpino, etc., qui tous cependant regardent moins l'anatomie et la physiologie du stigmate que sa morphologie.

En 1857, Payer (1) pouvait dire encore : « Les botanistes » sont loin d'être d'accord sur ce qu'on doit appeler stigmate. » Pour moi, je ne considère comme stigmate que la partie du » style ou des branches du style qui se recouvre de papilles » stigmatiques. »

M. Van Tieghem (2) a publié un travail important sur la physiologie du pollen et du stigmate.

Enfin, plus récemment, M. Reinke (3) a examiné anatomiquement le stigmate d'un certain nombre de plantes, et M. Behrens (4) a publié un travail plus étendu sur la structure du style et du stigmate, dans lequel on trouve des données intéressantes sur le tissu conducteur.

Pour compléter l'histoire du tissu conducteur, il reste à résoudre un certain nombre de questions concernant surtout l'origine du tissu conducteur, ses transformations successives, la formation d'un tissu conducteur plein, la nature du stigmate, etc.

Dans le présent mémoire, je me suis appliqué à examiner le tissu conducteur dans ses états successifs, dans un certain nombre de plantes choisies dans des familles très-éloignées, nombre suffisant pour qu'en comparant entre eux les différents types, on puisse en tirer des règles qui aient une valeur générale.

(1) Payer, *Traité d'organogénie comparée de la fleur*, 1857, p. 737.

(2) Van Tieghem, *Recherches physiologiques sur la végétation libre du pollen et de l'ovule, et sur la fécondation directe des plantes* (*Ann. sc. nat.*, 5e série, t. XII, p. 316.)

(3) J. Reinke, *Ueber den Bau der Narbe* (*Nachrichten der Königl. Ges. der Wiss. zu Göttingen*, Sept. 1874, et *Just Jahresbericht Ref.*, 1874, t. II, page 495).

(4) W. J. Behrens, *Untersuchungen ueber den anatom. Bau des Griffels und der Narbe* (Göttingen, 1875, etc., *Botan. Jahresber. von Just*, 1875, t. II, Halbband).

Dans l'exposé de ces recherches, je me suis laissé guider par un plan « naturel » ; c'est-à-dire qu'après avoir examiné la formation du tissu conducteur dans les différents types, nous examinerons de plus près comment le tissu conducteur se modifie et se comporte successivement dans l'ovaire, dans le style et sur le stigmate ; nous verrons ensuite quelques dispositions du sommet du style destinées à faciliter le rôle du stigmate. Enfin, nous décrirons le stigmate particulier de certaines plantes, pour terminer par un court aperçu des conditions biologiques qui déterminent l'action du boyau pollinique (1).

En adoptant cet ordre d'idées, le mémoire se divise en une série de chapitres :

(1) Je suis heureux de pouvoir exprimer ici mes remercîments à M. J. Decaisne et à M. J. Vesque, qui m'ont aidé de leurs précieux conseils.

Chapitre IV. — *Tissu conducteur sur le stigmate.*

a. Le stigmate proprement dit :
Papilles stigmatiques simples.
Papilles stigmatiques composées.
Dissociation du tissu.
b. L'appareil collecteur.
Stigmate des Ehrétiacées, des *Vinca*, *Apocynum*, etc.

Chapitre V. — *Quelques considérations physiologiques sur le rôle du tissu conducteur.*

CHAPITRE PREMIER.

FORMATION DU TISSU CONDUCTEUR.

On appelle tissu *conducteur*, le tissu composé d'éléments généralement allongés, lâchement unis et délicats, dont la réunion forme un cylindre qui occupe le centre du style, ou qui tapissent les parois d'un canal stylaire central.

Quel est le rôle du tissu conducteur?

Le tissu conducteur doit aider le boyau pollinique à pénétrer à l'intérieur de la cavité ovarienne pour y féconder les ovules.

Le grain de pollen qui donne naissance au boyau pollinique n'est pas apte à lui fournir les aliments nécessaires pour atteindre une longueur souvent considérable ; il faut donc que le boyau tire ses aliments du dehors, et emprunte aux tissus environnants les matières servant à son développement ultérieur.

Le boyau pollinique est parasite.

Par cela, le rôle du tissu conducteur devient double : rôle mécanique et rôle physiologique.

Les dispositions du tissu conducteur qui servent à assurer l'accomplissement du rôle mécanique sont beaucoup plus variées que celles qui tendent à fournir au boyau pollinique les aliments qu'il puisse absorber afin de pouvoir continuer son chemin.

Ces aliments sont élaborés en quantités très-variables, suivant les différentes plantes.

Comme l'abondance des matières assimilables destinées aux boyaux polliniques détermine le nombre de ceux qui peuvent descendre vers la cavité ovarienne, et comme, d'un autre côté, nous pouvons admettre que c'est le volume du tissu conducteur qui détermine l'abondance des matières assimilables produites, il s'ensuit que dans un ovaire qui ne contient qu'un petit nombre d'ovules n'exigeant que l'intervention d'un nombre de boyaux polliniques relativement restreint, le tissu conducteur peut être peu développé, en raison de la quantité relativement petite de matières assimilables qui leur sont nécessaires.

1. — TISSU CONDUCTEUR FORMÉ PAR UNE SEULE ASSISE DE CELLULES. ÉPIDERME.

Les fonctions de tissu conducteur peuvent, par conséquent, être remplies par un nombre restreint de cellules, et, dans ce cas, c'est l'épiderme qui est chargé exclusivement de ces fonctions. Ordinairement ce sont alors tous les éléments de l'épiderme qui possèdent les mêmes propriétés ; plus rarement c'est une zone déterminée de l'épiderme bordant le canal stylaire qui est chargée du rôle de tissu conducteur (1).

Le carpelle est une feuille modifiée qui porte un épiderme à sa face inférieure ou externe, et un épiderme à sa face supérieure ou interne.

L'épiderme de la face interne se constitue en tissu conducteur sans s'adjoindre d'autres assises de cellules plus profondes et sans se diviser. Ainsi formé exclusivement par les cellules épidermiques, le tissu conducteur tapisse toujours un canal stylaire plus ou moins large.

Les Fumariacées nous présentent le type de cette manière d'être du tissu conducteur.

(1) Il existe peut-être aussi une relation entre la longueur du style que le boyau doit parcourir et le volume du tissu conducteur. Dans les *Papaver*, par exemple, dont les carpelles portent un grand nombre d'ovules, le tissu conducteur n'est formé que par deux assises de cellules. Le chemin à parcourir par le boyau est relativement court.

Le pistil du *Fumaria major* est composé de deux carpelles réunis par leurs bords en un ovaire uniloculaire qui contient un ovule anatrope, suspendu de manière que le micropyle soit situé en face de l'ouverture du canal stylaire. Dès que le boyau pollinique entre dans la loge ovarienne, il rencontre le micropyle de l'ovule. Aussi ne trouve-t-on nulle trace d'un tissu conducteur différencié au niveau de l'insertion des ovules. Ce n'est qu'à l'entrée du canal stylaire que l'épiderme se différencie par suite du changement qui s'opère dans les propriétés physiques et chimiques du contenu des cellules épidermiques. et qui les ferait distinguer aisément du tissu clair sous-jacent, même si celui-ci n'était pas caractérisé comme parenchyme fondamental par la présence de méats intercellulaires remplis d'air (pl. 18, fig. 5).

Tandis que, dans le *Fumaria*, les fonctions physiologiques de tissu conducteur sont réparties sur toutes les cellules qui bordent le canal stylaire, elles ne semblent dévolues, dans le *Polygala grandiflora*, qu'à un nombre déterminé de cellules épidermiques. Une coupe à travers le style du *Polygala* a la forme d'une ellipse allongée dont le centre est occupé par un canal stylaire et dont les foyers sont occupés chacun par un faisceau fibro-vasculaire. Les cellules épidermiques qui bordent le canal stylaire sont de deux espèces : les unes sont de très-petites dimensions et résultent de cellules qui se sont divisées radialement un grand nombre de fois. Elles sont situées vis-à-vis des faisceaux et reliées à ceux-ci par un tissu intermédiaire à très-petits éléments polygonaux, qui a peut-être pour rôle de transmettre au tissu conducteur épidermique les matériaux de subsistance pour le boyau pollinique (1).

(1) Reinke, *Physiologische Funktionen der Blattzaehne* (*Bot. Zeit.*, 1876, et *Pringsh. Jahrb. für wissensch. Bot.*, Bd. X).

M. Reinke a trouvé que dans le *Cerasus avium*, le *Persica vulgaris* et les *Amygdalus*, les dents des feuilles sécrètent par leur épiderme une matière particulière et que cet épiderme est relié au faisceau fibro-vasculaire terminé en pinceau par un tissu à petites cellules incolores que M. de Bary a assimilé au parenchyme aquifère (*Wassergewebe*) situé au-dessous des stomates aquifères de Reinke (*Nevrostomata*, — *Wasserspalten* de Bary).

Entre ces deux zones de tissu conducteur se trouvent deux zones de cellules épidermiques plus grandes, à parois plus épaisses, et qui ne diffèrent pas des éléments du parenchyme fondamental sous-jacent. On y rencontre des méats intercellulaires assez développés, dans lesquels on trouve des gouttelettes d'une matière grasse.

Le tissu conducteur est constitué exclusivement par l'épiderme dans le *Mahonia Aquifolium*, où les cellules épidermiques s'élèvent en papilles très-longues qui s'entrecroisent dans le canal stylaire et forment une espèce de pseudo-parenchyme très-lâche.

Quand l'épiderme remplit seul les fonctions de tissu conducteur, il s'élève rarement en papilles dans le canal stylaire.

Les Violariées nous offrent également un exemple de cet emprunt physiologique.

Les fonctions de tissu conducteur sont remplies dans le *Viola altaica* par un épiderme très-développé, qui entoure un canal stylaire très-large et dont les éléments complétement développés se présentent sous la forme de grandes cellules très-larges dans le sens radial, pourvues de parois épaisses presque collenchymatoïdes au contact avec le parenchyme fondamental.

Ces cellules sont remplies à l'époque de l'imprégnation du stigmate, d'un contenu dense, granuleux, jaune, huileux et presque opaque. On rencontre quelquefois une cellule plus grande que ses congénères et qui s'est divisée par une cloison tangentielle en deux cellules d'égales dimensions. Vu en coupe longitudinale, cet épiderme prismatique est disposé en séries cambiales très-régulières jusqu'à l'insertion des premiers ovules dans l'ovaire.

2. TISSU CONDUCTEUR FORMÉ PAR L'ÉPIDERME RENFORCÉ D'UNE PARTIE DU PÉRIBLÈME.

Le tissu conducteur peut être constitué par l'épiderme auquel se sont associées une ou plusieurs assises du parenchyme fondamentals ous-jacent, sans qu'il y ait multiplication de ces cellules. Dans ce cas, les cellules du périblème ont seulement changé les propriétés de leurs parois ou de leur contenu, sans qu'aucune division se soit produite à leur intérieur.

On trouve des exemples très-fréquents de cette disposition du tissu conducteur dans les pistils pourvus d'un canal stylaire plus ou moins étroit, souvent rempli de cellules épidermiques qui se sont développées en de longues papilles.

Comme le tissu conducteur est exclusivement chargé du rôle d'assurer l'arrivée du boyau pollinique à l'intérieur du micropyle ovulaire, dès que ce but est atteint, il n'a plus de raison d'être. C'est pourquoi on ne trouve pas trace d'un tissu pareil au-dessous de l'endroit où s'insère l'ovule qui est situé le plus bas dans la loge ovarienne. Il est facile de voir ainsi que le tissu conducteur, qu'il soit formé par l'épiderme accompagné d'un certain nombre d'assises sous-jacentes, ou qu'il résulte d'un métablastème, ne sera toujours représenté, en dernière analyse, que par l'épiderme interne du carpelle, que cet épiderme soit modifié morphologiquement ou chimiquement, ou les deux à la fois ; qu'il soit papilleux, lisse ou collenchymatoïde.

Il est très-fréquent de trouver le tissu conducteur représenté dans l'ovaire exclusivement par les cellules épidermiques, tandis que plus haut, à l'entrée du canal stylaire ou seulement dans celui-ci, une, deux ou trois couches du parenchyme fondamental viennent s'ajouter à l'épiderme.

C'est ainsi que dans les Hippocastanées le tissu conducteur est formé à son origine sur le placenta par l'épiderme seul, tandis qu'au niveau de la base du style, apparaît sur quelques points isolés une « couche de renforcement ».

Dans une coupe à travers le placenta de l'*Azalea* (Éricacée), on voit que le tissu conducteur y est formé par l'épiderme seul, qui s'est divisé radialement un grand nombre de fois. Il n'est pas rare de voir plusieurs cellules du parenchyme fondamental se joindre à l'épiderme pour former le tissu conducteur.

Il en est ainsi dans les *Solanum glaucophyllum*, *Papaver*

hybridum, *Glaucium fulvum*, *Polemonium cœruleum*, *Asclepias*, *Apocynum venetum*, *Scilla sibirica*, *Crocus luteus*, etc.

Le nombre et l'étendue des couches de renforcement sont variables pour toutes ces plantes. Ainsi, dans le *Solanum* (pl. 18, fig. 2 et 3), l'épiderme s'adjoint de très-bonne heure une assise de cellules du périblème, qui se font remarquer bientôt par leur contenu dense, huileux, fortement réfringent. Plus haut, dans le style complétement développé, on trouve un étroit canal entouré d'un tissu conducteur volumineux, qui résulte peut-être d'une multiplication secondaire, vu la grande épaisseur relative du tissu conducteur.

On trouve, sur le placenta d'une fleur de *Glaucium* près de s'épanouir, un épiderme doublé d'une couche sous-jacente claire (pl. 18, fig. 1).

Dans le *Scilla*, il y a jusqu'à quatre assises de cellules du périblème qui se joignent à l'épiderme pour constituer le tissu conducteur sur le placenta.

C'est dans quelques ovaires monomères ou semi-monomères que ce type du tissu conducteur est le plus développé.

Dans les Renonculacées, les bords carpellaires s'infléchissent de bonne heure, se soudent, et forment le placenta sur lequel se constitue un peu tardivement le tissu conducteur sans métablastème.

D'abord simple épiderme, il ne tarde pas à s'adjoindre d'autres couches plus profondes dont les cellules acquièrent des parois épaisses, collenchymatoïdes (pl. 18, fig. 4).

Au fur et à mesure que ce tissu se différencie du reste du parenchyme fondamental, il gagne dans le haut de l'ovaire l'angle interne du carpelle et s'y localise dans tout le parcours du style et du stigmate. Son épaisseur peut atteindre, dans le style de l'*Helleborus*, jusqu'à huit assises de cellules. A sa limite interne, on le trouve en contact avec les tissus fibro-vasculaires, de sorte que les trachées semblent être plongées dans le tissu conducteur.

Le pistil du *Corylopsis* (Hamamélidée) est composé de deux carpelles soudés à la base par leurs bords, mais qui deviennent libres supérieurement et se terminent en deux longs styles distincts et séparés. Le tissu conducteur se localise au sommet de l'ovaire, à l'angle interne des carpelles, et présente la même disposition que dans l'*Helleborus*.

Des exemples d'une disposition analogue du tissu conducteur se rencontrent dans la famille des Apocynées, des Légumineuses et des Ombellifères. Le pistil du *Vinca minor* est formé de deux carpelles distincts à la base, se réunissant plus haut en un style simple qui supporte un renflement volumineux. Le tissu conducteur se constitue à l'origine sur l'épiderme du placenta, qui épaissit ses parois externes. Bientôt il s'adjoint d'autres couches sous-jacentes qui épaississent également leurs parois, et enfin, au niveau de la base du style, quand le tissu conducteur est devenu plein, il acquis une épaisseur considérable.

Nous avons ici un exemple de la formation d'un tissu conducteur plein sans l'intervention d'un métablastème.

Si l'on fait une coupe transversale à travers l'ovaire du *Fœniculum vulgare* par exemple, et que cette coupe soit menée inférieurement au niveau d'insertion du funicule des ovules, on ne distingue pas de tissu conducteur; mais quand on la pratique au-dessus du niveau du micropyle, à travers le stylopode, on voit que ce tissu est constitué comme dans les Renonculacées et dans le *Corylopsis*.

Cet arrangement du tissu conducteur se trouve enfin dans certaines Rosacées (*Rubus odoratus*, *Spiræa Douglasii*).

Dans le *Rubus*, par exemple, ce tissu se développe à l'angle interne des bords carpellaires réfléchis (pl. 18, fig. 6). Un peu au-dessus de l'insertion du funicule de l'ovule, l'épiderme s'adjoint successivement trois assises de cellules du parenchyme fondamental, de sorte que le tissu conducteur se compose finalement de trois rangées de cellules du parenchyme fondamental et d'une rangée de cellules épidermiques sur les deux bords carpellaires, qui vont s'accoler plus haut et former un tissu conducteur plein.

Les éléments de ce tissu complétement développé ne se distinguent dans l'ovaire, de ceux du parenchyme fondamental environnant, que par leur contenu clair très-réfringent. Dans les cellules du parenchyme fondamental qui bordent le tissu conducteur, on observe un dépôt abondant de cristaux cohérents d'oxalate de chaux (*a*, fig. 6). On y remarque en outre la présence de chlorophylle et de méats intercellulaires remplis d'air.

3. — TISSU CONDUCTEUR FORMÉ PAR LA PROLIFICATION.

a. De l'épiderme de la face interne du carpelle.

Les exemples d'une multiplication par des cloisons tangentielles des cellules épidermiques sont assez rares pour que M. Pfitzer (1) ait cru devoir réunir tous les cas connus d'épiderme divisé.

M. Warming (2) appelle l'attention sur un certain nombre d'autres exemples de divisions tangentielles de l'épiderme qu'il a observées dans la paroi interne de l'ovaire.

Les divisions tangentielles qui apparaissent dans l'épiderme de la face interne des bords carpellaires, et qui sont le point de départ d'un tissu spécial et nouveau, tel que le tissu conducteur, sont faciles à distinguer des divisions épidermiques qui se rencontrent dans l'épiderme interne de la paroi ovarienne et à la partie ventrale du carpelle.

Dans les cas où il existe des divisions épidermiques qui n'ont pour but qu'une espèce de multiplication de ce tissu, on n'observe pas de changement dans la nature des cellules telles qu'on les trouve dans les tissus, issus de divisions épidermiques et ayant un rôle physiologique à remplir.

M. Famintzine (3) a observé des divisions épidermiques tangentielles dans un grand nombre de Légumineuses où elles donneraient naissance à la couche dure.

(1) Pfitzer, *Beiträge zur Kenntniss der Hautgewebe der Pflanzen* (*Pringsh. Jahrb.*, VIII, p. 16).

(2) E. Warming, *De l'ovule* (*Ann. des sc. nat.*, 6e série, 1878, note de la page 53 du mém.).

(3) *Beitrag zur Keimblattlehre im Pflanzenreiche* (*Mém. de l'Acad. impér. de Saint-Pétersbourg*, t. XXII, 1878).

Le tissu conducteur se forme par la prolification d'un certain nombre de cellules épidermiques de la face interne des carpelles, dans la famille des Borraginées, des Labiées, des Composées, dans quelques Personnées, etc.

La position des ovules de la plupart des Borraginées par rapport au canal stylaire, ainsi que les rapports des différentes parties du carpelle entre elles, dispensent le boyau pollinique de cheminer longtemps à l'intérieur de la cavité ovarienne avant de rencontrer le micropyle. L'ovule, étant plus ou moins anatrope et suspendu à l'angle central de la loge, présente le micropyle au boyau pollinique dès qu'il entre dans la loge ovarienne. Pour y entrer, le boyau pollinique serait forcé cependant de faire une inflexion presque à angle droit. Arrivé à la base du canal stylaire, il rencontre un mamelon cellulaire de nature parenchymateuse (pl. 18, fig. 8, et pl. 20, fig. 6, *tc*). Ce « tampon conducteur » qui ne semble avoir à jouer qu'un rôle purement mécanique, parce que l'on n'observe pas de changement dans la nature de ses parois cellulaires et du contenu de ses cellules, porte des divisions épidermiques tangentielles très-nettes.

Le tissu conducteur étant relativement peu développé sur le placenta, ce n'est qu'à la base du canal stylaire et dans celui-ci qu'on peut suivre le mieux son développement. La fig. 9 de la planche 18 montre la formation du tissu conducteur à la base du canal stylaire d'un pistil du *Trachystemon orientale* très-jeune. Les cellules mères viennent de se dédoubler et ont donné au tissu la disposition cambiale caractéristique. Le gros trait *ab* indique la limite du tissu conducteur formé jusqu'alors, car déjà à cette époque il se distingue du parenchyme fondamental, ou périblème, par le contenu dense et granuleux de ses éléments en voie de multiplication.

Le tissu conducteur des Borraginées résulte de la sorte exclusivement de la multiplication de l'épiderme de la face interne des carpelles.

Dans un pistil très-jeune (pl. 18, fig. 10), le tissu conducteur semble être en rapport génétique avec un tissu *fv* à petits éléments, situé plus profondément dans le périblème, mais dont les éléments ne sont pas disposés en séries radiales. Ce tissu, qui est le procambium du faisceau fibro-vasculaire, n'est rattaché au tissu conducteur par aucun lien de formation (1).

Le tissu conducteur du *Trachystemon* n'acquiert qu'une épaisseur de trois ou de quatre assises de cellules.

En coupe longitudinale et de face, ce tissu se présente sous la forme de séries de cellules superposées, plus longues que larges.

Les Labiées possèdent un tissu conducteur plein qui dérive d'une multiplication de l'épiderme. Elles se rattachent donc aux Borraginées par le mode de formation du tissu conducteur.

Le pistil, composé de deux carpelles, donne naissance à un style gynobasique. Comme dans les Borraginées, le tissu conducteur se forme sur le placenta à l'entrée du canal stylaire, qui ne tarde pas à être comblé par suite de l'accolement des deux parois opposées du canal. On rencontre également à l'entrée de la loge ovarienne ce tampon conducteur qui doit faciliter l'arrivée du boyau pollinique au micropyle (pl. 20, fig. 6, *tc.*)

Dans un bouton très-jeune du *Salvia scabiosæfolia*, le tissu conducteur, en coupe transversale, montre une disposition cambiale très-caractéristique de ses éléments. Tout ce tissu procède d'une assise de cellules épidermiques qui se sont multipliées par des cloisons tangentielles. Je n'ai pu observer l'ordre dans lequel les différentes cloisons apparaissent, mais les dimensions des cellules filles, ainsi que la nature des parois, semblent indiquer que la multiplication suit un ordre centrifuge par rapport à l'axe du style.

Dès que le tissu conducteur s'est formé, il se soude pour former un tissu plein, de sorte qu'il n'y a plus de canal stylaire (pl. 18, fig. 7, *a*, *b*). La ligne de séparation des deux parois soudées est alors très-peu visible, et ce n'est qu'à la suite de l'action d'un réactif tel que la potasse étendue, que, dans un bouton très-jeune et peu au-dessus du niveau où les parois opposées se sont soudées, cette ligne apparaît comme une fente étroite et sinueuse (pl. 18, fig. 14, *a*, *b*).

(1) Voyez la note de la page 217.

Les Composées nous offrent un exemple de la formation du tissu conducteur par dédoublement d'une zone déterminée de cellules épidermiques.

Une coupe transversale à travers l'ovaire d'un fleuron hermaphrodite du centre du *Grindelia* par exemple, a la forme d'un losange allongé dont les deux angles aigus sont occupés chacun par un faisceau fibro-vasculaire qui représente la nervure médiane du carpelle. A chaque angle obtus se trouve un faisceau fibro-vasculaire plus réduit, qui résulte de la confluence des nervures latérales des carpelles. Vis-à-vis de ces derniers faisceaux, se trouvent les *bandelettes* ou cordons qui descendent du style et marchent vers le micropyle (1). Leur tissu se fait remarquer par le contenu dense de ses éléments et l'épaisseur considérable de leurs parois).

La fig. 12 de la planche 18 montre, dans un fleuron très-jeune, le dédoublement *ab* de l'épiderme sur une étendue de quatre cellules. Les premières cloisons sont tangentielles, mais elles sont bientôt suivies de cloisons radiales (fig. 13). Tout le tissu des bandelettes procède exclusivement de l'épiderme.

A l'époque où commence le dédoublement de l'épiderme, celui-ci est rempli uniformément d'un protoplasma très-dense, granuleux, peu réfringent, et les parois cellulaires n'en sont pas encore épaissies. Peu à peu celles-ci s'épaississent, deviennent collenchymatoïdes et laissent voir des couches alternativement

(1) Les bandelettes ont été décrites pour la première fois par R. Brown dans ses *Observations on the natural Family of the Plants called Compositæ* (*Trans. of Linn. Soc.*, vol. XII, 1817). Voici comment il s'exprime à cet égard : « I observe in the greater part of Compositæ, whose ovarium I have examined, two » very slender, filiform cords, which, originating from opposite points of the » base of the ovulum, or of its short footstalk, run up, and are more or less » connected with the lateral parietes of the ovarium, until they unite at the top » of its cavity, immediately under the style; between which and the ovulum a » connexion is thus formed. In many cases, as in *Liatris spicata* and *Tussilago* » *odorata*, these cords are easily separable from the ovarium, and have such a » degree of tenacity, that they may be extracted from it entire, along with the » ovulum. In other cases, they more firmly cohere with the sides of the cavity : » and in those plants in which I have been unable to see them distinctly, I conclude they are not absolutely wanting, but that their connexion with the » parietes is still more intimate. »

plus ou moins réfringentes (pl. 19, fig. 9 et 10). Néanmoins, quand la fleur est épanouie, le tissu conducteur est moins lâchement uni que le parenchyme environnant, et peut en être détaché, souvent sans se déchirer, au moyen d'une aiguille très-fine. L'épaisseur du tissu conducteur peut alors être de quatre ou cinq assises de cellules, dont les parois se gonflent dans la potasse et prennent l'apparence de collenchyme. Cet effet, obtenu à l'aide d'un réactif, se produit plus tard dans la fleur, quand le tissu conducteur doit être apte à conduire le boyau pollinique au micropyle (pl. 19, fig. 5, *tc*).

Dans le *Grindelia*, le tissu conducteur se présente sous l'apparence de la figure 9 (pl. 19), dans les fleurons de la circonférence aussi bien que dans ceux du centre.

L'origine de ces deux lames de tissu conducteur dans l'ovaire des Composées a été fort discutée. On a voulu y voir les restes ou les rudiments de cloisons ovariennes (1).

Si les bandelettes étaient les rudiments d'une cloison, on devrait les voir bien avant que l'ovule fût ébauché, par suite de l'arrangement particulier des cellules qui constituent leur tissu naissant; en outre, cette cloison ne se formerait pas par dédoublement de l'épiderme, ce qui est une création nouvelle, mais bien par l'inflexion des bords carpellaires. Au reste, une fois qu'on admet que l'ovaire des Composées est formé de deux carpelles (et il faut l'admettre, comme l'ont suffisamment démontré les recherches de M. Warming sur la nature morphologique de l'ovule (2), et comme le confirme l'examen de la distribution des faisceaux fibro-vasculaires dans l'ovaire et dans le style), on est amené à comparer le tissu conducteur des Composées avec celui des ovaires bicarpellés dans d'autres familles.

L'analogie entre la formation du tissu conducteur et la place qu'il occupe sur les bords carpellaires constitués en placenta,

(1) Cassini (COMPOSÉES ou SYNANTHÉRÉES *Dict. des sc. nat.*, 1818, vol. X, p. 131) dit que l'ovaire typique des Composées lui semble être triloculaire, triovulé. Il serait uniloculaire par suite de l'avortement des cloisons.

(2) E. Warming, *De l'ovule* (*loc. cit.*).

dans ces dernières plantes et dans les Composées probablement aussi, analogie qui se déduit de ce rapprochement, montre clairement que les bandelettes des Composées sont le tissu conducteur et le produit d'une création nouvelle (1).

Les bandelettes se prolongent jusqu'à la base de l'ovule et permettent au boyau pollinique d'atteindre aisément le micropyle (2).

Les bandelettes ne résultent pas de l'accollement de deux centres de formation distincts, comme on le trouve dans l'immense majorité des cas.

Quelques Scrofularinées forment également leur tissu conducteur par dédoublement successif des cellules épidermiques au moyen de cloisons tangentielles. Ce mode de formation est très-visible dans le *Buddleia globosa* (pl. 21, fig. 1).

Au sommet de l'ovaire, et avant leur accollement complet, les deux placentas présentent sur une coupe transversale un arrangement en séries radiales très-marqué du tissu conducteur qui les revêt, bien que cette division tangentielle ne se soit pas encore établie sur l'épiderme du placenta, dans le milieu à peu près de la loge ovarienne. En cet endroit, le tissu conducteur a une épaisseur de trois assises de cellules, dont la première, l'épiderme, reste claire, tandis que les deux assises sous-jacentes sont remplies d'un protoplasma granuleux et dense qui les différencie du parenchyme fondamental sous-jacent à méats intercellulaires.

La multiplication de l'épiderme est dans ce cas plus tardive que dans les exemples précités.

Ce mode de formation du tissu conducteur n'est pas général dans la famille des Scrofularinées. Dans l'*Antirrhinum* et le *Verbascum*, par exemple, le tissu conducteur se forme par prolification du périblème accompagnée de multiplication des cellules épidermiques par des cloisons radiales seulement. —

(1) R. Brown (*On Compositæ, loc. cit.*) : « I consider the two cords as occu» pying the place of two parietal placentæ, each of these being made up of two » confluent chordulæ, belonging to different parts of the compound organ. »

(2) Decaisne, *Ann. scienc. nat.* 2e série, 1834, vol. I, p. 16, tab. 1, B, fig. 5-6.

Il semble du reste que les différences que l'on peut constater dans le mode d'origine du tissu conducteur, soit qu'il dérive d'une multiplication exclusive de l'épiderme, soit que le périblème y prenne part, ont leur raison d'être et répondent à un but déterminé.

Dans une seule plante, le *Fagelia bituminosa* (Papilionacée), j'ai trouvé les deux principaux modes de formation du tissu conducteur réunis.

Le tissu conducteur se forme sur le placenta exclusivement par multiplication d'une zone de cellules sous-épidermiques ; plus tard, quand il est déjà complétement développé, on voit apparaître, dans le canal stylaire, des cloisons tangentielles isolées dans l'épiderme conducteur.

b. Tissu conducteur formé par la prolification de cellules sous-épidermiques.

Ce mode de formation est de beaucoup le plus répandu. Le tissu conducteur se forme dans ce cas par une multiplication restreinte de certaines cellules sous-épidermiques du placenta, sans que l'épiderme se multiplie autrement que par des cloisons radiales, qui lui permettent de suivre le développement périphérique du style.

Le tissu conducteur acquiert par cela une autonomie qui le range parmi les métablastèmes, et qui permet de regarder les plantes dans lesquelles cette formation a lieu, comme les plus avancées dans la série sous ce rapport, puisqu'il n'y a plus emprunt physiologique exclusif de l'épiderme. Ce mode de constitution du tissu conducteur se rencontre dans des plantes de familles très-éloignées et d'organisation florale très-différene.

C'est dans les Orchidées, les Saxifragées, les Ribésiacées, les Silénées et les Euphorbiacées, que l'on trouve des exemples de cette formation bien caractérisés.

L'ovaire des Orchidées résulte de la réunion de trois carpelles, dont les bords infléchis forment le placenta. Dans une coupe transversale à travers un ovaire très-jeune du *Fernan-*

dezia acuta, et avant que les ovules soient encore ébauchés, on voit que les placentas forment trois cordons proéminents, divisés chacun par une rainure médiane correspondant à la ligne d'accollement. De chaque côté des mamelons placentaires doubles se forme, par division de la première couche sous-épidermique, le tissu conducteur très-caractéristique (pl. 18, fig. 17). Les cellules mères de ce tissu se distinguent aisément du reste du parenchyme fondamental pai leur contenu plus dense et plus granuleux, ainsi que par l'absence de tout méat intercellulaire. Ces derniers existent dans le parenchyme fondamental adjacent. Les séries cambiales juxtaposées, qui prennent naissance de la sorte, sont très-caractéristiques et rappellent le mode d'origine du tissu. Plus tard, lorsque les cloisons tangentielles se sont établies dans un certain nombre de cellules du périblème, et quand les cellules filles ont acquis un certain développement, des cloisons radiales, comme on le voit très-bien sur une coupe transversale dans le placenta du *Phajus grandifolius* (pl. 18, fig. 18) et du *Fernandezia*, s'établissent en nombre suffisant pour que tout le tissu puisse suivre l'accroissement de l'ovaire dans la direction opposée.

Dans l'ovaire très-jeune, les premières divisions des cellules mères du tissu conducteur apparaissent très-près des deux mamelons placentaires. Il reste ainsi localisé dans tout l'ovaire, même quand celui-ci a acquis son développement complet. Plus haut, vers le style, le tissu conducteur s'étend jusqu'à ce qu'il tapisse tout le pourtour du canal stylaire.

Dans l'*Ornithidium densum*, les cloisons tangentielles sont beaucoup moins fréquentes que les cloisons radiales; de sorte que, finalement, le tissu conducteur se trouve composé de trois assises de cellules, l'épiderme compris; mais toutes ces cellules sont de dimensions très-petites. Il en est de même dans l'*Epidendron ciliare*.

Au fur et à mesure que le périblème se divise, l'épiderme se cloisonne radialement et souvent un grand nombre de fois, comme on le voit dans les *Fernandezia*, *Phajus* et *Ornithidium*.

Le tissu conducteur des Orchidées peut acquérir une grande épaisseur. De deux ou trois assises de cellules qu'il a dans l'*Ornithidium densum*, l'épiderme compris, il peut acquérir, dans le style du *Phajus grandifolius*, jusqu'à neuf et dix assises de cellules. Il en est de même dans l'*Ærides suavissimum*, le *Cypripedium Rœzlii*, l'*Epidendron ciliare*, etc.

Le gynécée du *Saxifraga ligulata* est formé de deux carpelles qui forment, par la réunion à la base de leurs bords, un ovaire biloculaire. C'est sur ces bords carpellaires, constitués en placenta, que naît le tissu conducteur, comme dans les Orchidées, par bipartition répétée de la première couche sous-épidermique, au moyen de cloisons tangentielles, suivies bientôt de cloisons radiales (pl. 18, fig. 16).

Il en est de même dans le *Ribes aureum* qui possède un ovaire uniloculaire résultant de l'accolement des bords des deux carpelles (pl. 18, fig. 15 et 15 *a*).

La formation du tissu conducteur est très-remarquable dans le *Lychnis dioica*. L'ovaire de cette plante est formé par la réunion de cinq feuilles carpellaires dont les bords s'infléchissent et se soudent en une colonne centrale d'où naissent les ovules. L'ovaire est ainsi divisé en cinq loges, quand on l'examine à un état très-jeune, tandis que plus tard, quand les ovules sont complétement développés et prêts à être fécondés, l'ovaire paraît uniloculaire et à placentation centrale, par suite de la résorption des cloisons ovariennes. Avant que les ovules soient encore ébauchés et avant que les bords carpellaires se soient solidement unis en une colonne centrale, le tissu conducteur se forme sur les parois de la cloison ovarienne encore intacte et dans chacun des angles que forme la cloison avec les mamelons placentaires (pl. 19, fig. 2, *x*, *y*). Chaque cloison est de la sorte le siége de deux centres de formation du tissu conducteur différents et opposés. La formation du tissu conducteur est la même que celle du *Saxifraga* et du *Ribes* : il prend naissance dans la première couche sous-épidermique et au niveau du sommet de l'angle formé par la cloison et le mamelon placentaire. Les deux centres de formation sont séparés par une traînée de parenchyme fondamental dont les éléments se distinguent de ceux du tissu conducteur en voie de formation par leur disposition irrégulière, tandis que les derniers sont disposés en séries cambiales perpendiculaires à l'axe de la cloison.

Au fur et à mesure que le tissu conducteur se développe, il se forme des trachéides à l'intérieur de la traînée du parenchyme fondamental qui est restée intacte entre les deux centres de formation. En même temps, les cellules de la cloison qui sont le plus près de la paroi ovarienne se chargent de gros cristaux d'oxalate de chaux (fig. 2, *oc*). On sait (1) que l'oxalate de chaux se dépose principalement dans les tissus qui ont perdu de leur utilité ou qui sont destinés à disparaître. Les cloisons disparaissent en effet, quand le tissu conducteur est presque complétement formé (suivant la figure *ab*, fig. 2). On trouve plus tard des vestiges de la cloison résorbée dans les restes des trachéides plongés dans un tissu clair et à gros éléments.

Pendant que les cloisons sont résorbées, le tissu conducteur éprouve un grand accroissement dans le voisinage de l'insertion des ovules, de sorte que finalement les séries cambiales dont il se compose, et qui étaient perpendiculaires à la direction de la cloison, se trouvent placées radialement par rapport au centre de l'ovaire et divergent en éventail. Les cellules épidermiques de la région de la cloison sous laquelle s'est établi le tissu conducteur se sont alors transformées en de longues papilles dans lesquelles est plongée l'extrémité micropylaire de l'ovule. Ces papilles proviennent exclusivement des cellules épidermiques.

L'ovaire du Violier (*Cheiranthus Cheiri*) est composé normalement de deux carpelles qui se sont réunis par leurs bords. Dans un ovaire très-jeune et avant la formation du mamelon ovulaire, il n'y a aucune trace de cloison ; mais, dans un âge plus avancé, il se forme une cloison particulière qui divise l'ovaire en deux loges et qui s'étend de l'un à l'autre des deux placentas pariétaux. D'après Payer (2), il se forme en tout deux placentas

(1) J. Vesque, *Anatomie de l'écorce* (*Ann. sc. nat.*, 6e série, p. 114).
(2) B. Payer, *Traité d'organogénie comparée de la fleur*. Paris, 1857, p. 213.

formant autant de lames qui se portent vers le milieu de l'ovaire et se soudent. M. Duchartre (1) admet au contraire « qu'il y a toujours, dans ce qu'on nomme la cloison des Crucifères, deux lames s'étendant parallèlement d'un bord à l'autre du fruit, tantôt libres sur toute leur étendue...., tantôt unies l'une à l'autre dans leur portion moyenne, etc. »

Sans vouloir approfondir cette question, d'ailleurs si intéressante, mais dont le sujet ne rentre pas dans le cadre de ce mémoire, qu'il nous suffise de constater que, pendant que les lames se constituent en cloison en soudant leurs extrémités libres, le tissu conducteur se forme dans la première couche sous-épidermique de l'extrémité de chaque demi-cloison (pl. 20, fig. 4, *tc*). Pendant que le tissu conducteur prend un développement considérable et embrasse environ la moitié de la longueur de la cloison entière, le reste du tissu de la cloison devient spongieux. Une légère échancrure des deux côtés du milieu du tissu conducteur indique la ligne suivant laquelle les moitiés de cloison se sont soudées (pl. 20, fig. 4, *a* et pl. 21, fig. 8) (2).

Enfin, le mode de formation du tissu dont nous venons de parler se rencontre encore d'une manière très-caractéristique sur le placenta de l'*Euphorbia Myrsinites*, de l'*Antirrhinum majus*, du *Reseda alba*, du *Cestrum roseum*, du *Lonicera Standishii*, du *Medinilla speciosa*, etc.

En considérant l'ensemble des modifications que présente la formation du tissu qui nous occupe dans les différentes plantes, on remarque que ces modifications peuvent être rangées en une série ascendante suivant des degrés de perfectionnement différents.

En premier lieu, c'est l'adaptation d'un certain nombre de

(1) P. Duchartre, *Note sur une monstruosité de la fleur du Violier* (*Ann. sc. nat.*, série 5ᵉ, V, 13, p. 334).

(2) D'après Payer (*loc. cit.*, p. 211), il se forme dans le *Tetrapoma barbaræifolia*, à l'intérieur de la corbeille formée par quatre carpelles naissants, quatre cordons placentaires qui se prolongent au delà pour former les stigmates, et se soudent en bas en divisant l'ovaire en quatre loges.

Dans le *Crambe maritima*, dont l'ovaire est composé de deux loges superposées, la cloison placentaire ne descend pas dans la loge inférieure.

cellules épidermiques dans le canal stylaire, puis le nombre des éléments du tissu épidermique augmente, et c'est tout le pourtour du canal stylaire qui se constitue tissu conducteur. Le nombre des éléments de ce tissu, et par conséquent son volume, ne suffisant plus ensuite, la nature ne se contente pas d'un emprunt physiologique, elle a recours à une création nouvelle : l'épiderme se multiplie tangentiellement. Enfin on arrive au degré le plus avancé de la série : le métablastème se forme dans le périblème.

Le tissu conducteur issu d'une multiplication tangentielle de l'épiderme et d'une multiplication des cellules plus profondes du périblème a bien la valeur d'un métablastème, dans le sens de M. Celakovsky et tel que l'a défini M. Warming (1). Ainsi constitué, il appartient à une formation d'origine exogène, ayant la même valeur morphologique que la plupart des glandes nectarifères des fleurs. Leurs propriétés sont d'ailleurs très-voisines.

La profondeur à laquelle se forment les métablastèmes est généralement en rapport avec les fonctions et le développement postérieur de ces organes naissants (2).

Cette règle, qui est applicable aux métablastèmes en général, l'est particulièrement au tissu conducteur. Comme celui des Composées, par exemple, où il n'a qu'à suffire au développement d'un nombre restreint (d'un seul à la rigueur) de boyaux polliniques, il n'est pas d'un volume considérable, et le métablastème ne se forme que dans l'épiderme. Il en est de même pour les Borraginées, où toutefois une zone de cellules plus considérable prend part à sa formation.

Cependant, dans quelques Labiées où le tissu conducteur acquiert un développement considérable, qui a même pour effet d'oblitérer le canal stylaire, il prend naissance exclusivement d'un métablastème issu de l'épiderme, tandis

(1) Voy. E. Warming, *Die Blüthe der Compositen* in *Botan. Abhandl.* de Joh. Hanstein, 1876, vol. III, H. 2, p. 79.

(2) Voy. E. Warming, *loc. cit.*, p. 78.

que, dans d'autres plantes où le tissu est très-développé, le métablastème prend naissance dans le périblème ou mésophylle carpellaire. On voit en effet que c'est dans les plantes telles que les Orchidées, les Saxifragées, les Ribésiacées, etc., chez lesquelles le métablastème procède du périblème, que le tissu conducteur acquiert son plus grand développement.

On peut donc poser en principe que, plus le tissu conducteur doit être volumineux, plus les cellules initiales du métablastème se trouvent plongées profondément dans le parenchyme fondamental.

Les différences dans le nombre des cellules qui concourent à former le tissu conducteur, et qui en déterminent le volume, paraissent être en rapport avec le nombre des ovules qui doivent être fécondés.

Dans les ovaires monomères ou polymères, en effet, qui ne contiennent qu'un nombre restreint d'ovules (*Polygala*, *Mahonia*, *Rubus*, *Corylopsis*, Renonculacées, etc.), le tissu conducteur ne dérive pas d'un métablastème, et le nombre des éléments qui le constituent est relativement petit ; tandis que dans les ovaires qui portent un grand nombre d'ovules, comme ceux des Orchidées, des Campanulacées, du *Lychnis*, etc., le tissu conducteur s'établit dans le périblème, s'adjoint l'épiderme ou se constitue sur une plus grande étendue du placenta.

Il existe, pour une raison plus directe, une relation entre le développement, l'étendue et le volume du tissu conducteur, et le nombre des boyaux polliniques qui s'insinuent dans l'ovaire.

Des considérations d'ailleurs analogues peuvent s'appliquer au vrai stigmate, qui n'est que la terminaison supérieure du tissu conducteur dans le style.

Les premières traces du tissu conducteur se rencontrent généralement au niveau de l'insertion de l'ovule placé le plus bas dans la loge ovarienne. C'est alors le seul épiderme dont les éléments sont chimiquement modifiés, et qui, plus bas, perd également ce dernier caractère distinctif du tissu conducteur. Dans certains cas, cependant, où le boyau pollinique arrive au micropyle par un chemin détourné, le tissu conducteur s'établit également au-dessous du niveau de l'ovule inférieur.

Il en est ainsi dans certaines plantes à placentation libre, telles que les *Primula*, où le boyau pollinique, d'après une observation de M. Duncan (1), longe d'abord la paroi de l'ovaire jusqu'à sa base, pour remonter ensuite par le placenta libre et féconder les ovules.

La formation du tissu conducteur est basifuge, c'est-à-dire qu'il commence à se différencier du reste du parenchyme fondamental dans l'ovaire, et qu'il gagne ensuite le style et le stigmate, au fur et à mesure que ceux-ci acquièrent leur développement complet.

Les premières divisions des cellules mères du métablastème commencent généralement à se former de bonne heure, avant que l'ovule soit encore ébauché sur le placenta.

Ces divisions ne sont jamais aussi nombreuses sur le placenta dans l'ovaire que dans le style ; de sorte que, dans le voisinage des ovules, le tissu conducteur n'acquiert pas autant d'épaisseur que dans le style.

CHAPITRE II.

TISSU CONDUCTEUR DANS L'OVAIRE.

Pour avoir une idée complète de la disposition typique et caractéristique du tissu conducteur et de ses rapports avec les différentes parties des carpelles, il faut l'examiner dans son état le plus simple, rechercher son origine et suivre son développement pour voir les différentes relations dans lesquelles

(1) Duncan, *On the Development of the Gynæceum and the Method of impregnation in* Primula vulgaris (*Linn. Soc. Journ.*, 1873).

il est entré avec les tissus environnants, et pour reconnaître les transformations qui l'ont atteint postérieurement.

Le placenta d'un ovaire simple, normalement développé, est double. C'est R. Brown qui, dans un travail remarquable (1) sur les rapports de position entre les lobes du stigmate et du placenta, a le premier appelé l'attention sur ce fait. R. Brown comprenait, sous le nom de *placenta*, l'organe qui avait à la fois pour fonctions de produire les ovules et de conduire le boyau pollinique, deux fonctions différentes et qui sont remplies par des tissus différents, dont l'un, le tissu conducteur, devient tout à fait autonome. C'est l'existence de ce tissu comme tissu spécial, que R. Brown semblait ignorer quand il dit (2) « que les bords carpellaires internes, qui portent en bas les ovules, remplissent plus haut les fonctions différentes, mais analogues jusqu'à un certain point, de stigmates. »

Il existe sur chaque carpelle deux centres de formation du tissu conducteur, différents et opposés comme le sont les placentas sur lesquels ils s'établissent. Ces deux centres de formation se voient le plus clairement dans les ovaires monomères, tels que ceux des *Rubus* (pl. 18, fig. 6 x et y), *Grevillea*, *Spiræa*, la plupart des Légumineuses, etc. Au sommet de l'ovaire, les deux centres s'élargissent, *confluent* en formant un tissu plein, ou bien tapissent tout le pourtour d'un canal stylaire ; leur nature double apparaît plus haut sur le stigmate, dont la forme en est généralement déterminée.

Dans les ovaires polymères, résultant de la réunion d'un plus ou moins grand nombre de carpelles, on retrouve presque toujours la même duplicité d'origine du tissu conducteur, avant et après la réunion intime des bords carpellaires. Elle est surtout facile à voir dans les ovaires à placentation franchement pariétale.

Dans les *Ribes*, par exemple, où l'ovaire est constitué par

(1) R. Brown in Horsfield, *Plantæ javanicæ rariores*, p. 105 et seq. ; et *Ann. sc. nat.*, 2e série, XIII, p. 170.

(2) *Loc. cit.*, p. 193.

deux carpelles qui réunissent leurs bords en deux cordons placentaires proéminents, mais non confluents, le tissu conducteur procède en entier de quatre centres de formation symétriquement opposés et correspondant à autant de placentas (pl. 18, fig. 15 *a*, 1, 2, 3, 4.) Il en est de même dans le *Glaucium fulvum*, par exemple, dont l'ovaire est également composé de deux carpelles, et dans les Orchidées, où il entre trois carpelles dans la formation du pistil.

Les choses ne sont pas différentes dans les ovaires à placentation axile. Celle-ci n'est, du reste, qu'un état plus avancé de la placentation pariétale et ne sert qu'à caractériser un type extrême, puisque non-seulement on rencontre des ovaires à placentation intermédiaire plus ou moins éloignée d'un type extrême, mais encore parce qu'on trouve, dans certains ovaires, les deux placentations réunies, la placentation axile à la base de l'ovaire, par suite de la soudure des placentas opposés très-rapprochés, la placentation pariétale dans le sommet de l'ovaire par insuffisance d'accolement des placentas. Il en est ainsi dans le *Pittosporum sinense*, le *Prismatocarpus perfoliatus*, le *Solanum glaucophyllum*, etc.

La double origine du tissu conducteur peut, dans quelques cas rares (*Lychnis*), contribuer à déterminer le nombre des placentas qui entrent dans la formation de la colonne axile qui subsiste après la résorption des cloisons ovariennes.

Le nombre des centres de formation du tissu conducteur ne peut être déterminé facilement que dans les ovaires très-jeunes, parce que, dans les ovaires plus âgés, ce tissu envahit une plus grande étendue du placenta. Souvent aussi les centres de formation opposés se sont réunis et soudés, de sorte que le tissu conducteur tapisse uniformément et en couches d'égale épaisseur une grande étendue du placenta, avant de s'étendre davantage, et de garnir tout le pourtour de la partie supérieure de l'ovaire, comme on le voit dans les *Gesneria elongata*, *Forsythia suspensa*, *Buddleia globosa*, etc. La confluence des centres de formation se fait par la soudure des deux épidermes du tissu conducteur. Toute distinction entre épiderme et parenchyme sous-jacent disparaît alors dans une même fonction (1).

Quand le tissu conducteur de création nouvelle ne se constitue pas sur le placenta à l'endroit où s'insèrent les ovules, mais un peu plus haut, à l'endroit où commence le canal stylaire, comme cela arrive chez les Borraginées et les Labiées, la double origine du tissu peut cependant être constatée sur les bords carpellaires avant que le tissu ne soit entré dans le style.

Dans les plantes qui ne forment pas leur tissu conducteur d'un métablastème, mais d'une simple différenciation des cellules épidermiques et du parenchyme fondamental, le tissu constitué de la sorte acquiert généralement une égale épaisseur sur les deux bords du carpelle dans l'ovaire, et témoigne, de la sorte sa double origine.

Dans tous les cas, cette structure disparaît dans le style, où tout le tissu est uniformément et symétriquement réparti. Ce n'est généralement que sur le stigmate que l'on peut constater les rapports de position du tissu conducteur avec les placentaires, ainsi que le nombre des centres de formation du tissu en rapport avec le nombre des carpelles qui entrent dans la formation de l'ovaire.

La double origine du tissu conducteur ne peut pas être démontrée pour un certain nombre de plantes dont les rapports du placenta avec le stigmate sont plus compliqués ou moins immédiats. Ainsi, les ovaires à placentation centrale libre, tels que ceux des Primulacées, des Théophrastées, etc., ont leur tissu conducteur établi sur le pourtour des parois ovariennes et du placenta; il n'y a pas de localisation, et partant pas de centre de formation.

Dans l'ovaire des Composées, chaque bandelette se forme par le cloisonnement tangentiel *simultané* de l'épiderme sur

(1) Les tissus d'accolement sont très-fréquents dans les différents organes de la fleur. On les trouve à tous les degrés, depuis l'accolement tardif et peu stable jusqu'à l'accolement congénère et ayant acquis la qualité de tissu autonome, comme celui qui provient de la soudure des carpelles des Composées. L'accolement incomplet produit souvent des effets physiologiques remarquables, comme par exemple dans la fleur de beaucoup de Protéacées.

une certaine étendue de la paroi ovarienne. On ne peut donc pas distinguer deux centres de formation (1). Dans un pistil très-jeune déjà, la paroi n'accuse aucune ligne d'accolement ni de soudure. L'épiderme des deux carpelles, d'où résulte le tissu d'accolement, a acquis la valeur du parenchyme fondamental.

Localisation du tissu conducteur dans l'ovaire.

Le rôle mécanique du tissu conducteur consiste à mettre le boyau pollinique en relation avec le micropyle de l'ovule. Ce rôle est partout rempli de la manière la plus simple et la plus économique par rapport à la structure et à la position des autres organes de l'ovaire.

Cependant il existe des perfectionnements progressifs qui tendent à assurer d'une manière plus ou moins parfaite l'arrivée du boyau pollinique à sa destination. Toutes les modifications qui se présentent dans l'arrangement du tissu conducteur sont en relation avec la placentation, la position et la nature des ovules.

L'étendue du tissu conducteur dans l'ovaire est beaucoup plus grande dans les ovaires à placentation pariétale qui portent un grand nombre d'ovules anatropes dressés jusqu'à la base de la loge ovarienne, comme dans beaucoup d'ovaires monomères, que dans les ovaires à placentation pariétale qui renferment quelques ovules anatropes pendants, dont le micropyle est par conséquent bien plus près de la base du style que celui des ovules pendants orthotropes ou anatropes dressés. Il en est de même des ovaires uniovulés dont l'ovule est orthotrope dressé. Le micropyle de cet ovule est alors situé juste en face de la base du style.

Dans la plupart des cas, il n'existe aucune disposition particulière du tissu conducteur pour faciliter l'introduction du boyau pollinique dans le micropyle, sauf sa localisation sur le placenta dans le voisinage immédiat du funicule de l'ovule. Dans ce cas, le boyau pollinique a encore à parcourir un

(1) Chaque bandelette ne résulte donc pas de la confluence de deux placentas opposés, comme l'avait supposé R. Brown. (Voy. la note de la page 227.)

espace libre plus ou moins étendu avant d'atteindre le micropyle, de sorte qu'on ne peut supposer que son introduction dans le micropyle soit un phénomène purement mécanique et déterminé par des causes physiques. Il y a là un phénomène physiologique non déterminé qui engage le boyau pollinique à dévier de son chemin pour atteindre son but, comme le font certaines zoospores qui s'agitent dans le zoosporange afin d'en percer la paroi en un point déterminé.

a. Placenta lisse.

On peut considérer comme une des dispositions les plus simples pour assurer l'arrivée du boyau pollinique dans le micropyle celle où le tissu conducteur est localisé dans le voisinage du funicule des ovules, sans que l'épiderme s'élève en papilles (pl. 20, fig. 2, *tc*). Les ovules sont alors généralement portés sur un funicule peu élevé, de sorte que le micropyle n'est qu'à une faible distance du tissu conducteur. Des exemples nombreux de cette disposition se trouvent dans les plantes à pistil monomère : Protéacées, Renonculacées, Papilionacées, etc., ou semimonomère, *Vinca*, *Saxifraga*, etc., ou polymère : Hippocastanées, *Medinilla*, *Solanum*, *Fabiana*, et quelques Orchidées (*Phajus*, *Ærides*), etc.

Les ovules des Crucifères sont portés sur un long funicule, de sorte que le micropyle est éloigné du placenta, tandis qu'il est au contraire presque appliqué contre le tissu conducteur qui s'est développé sur la fausse cloison de l'ovaire (pl. 20, fig. 7). Le boyau pollinique a de la sorte à parcourir un chemin relativement beaucoup plus court que si le tissu conducteur se trouvait à la base du funicule.

b. Placenta papilleux.

Le tissu conducteur du placenta s'élève souvent en papilles plus ou moins saillantes qui en augmentent considérablement la surface. Les papilles peuvent être simples, si les cellules épidermiques seules se développent, ou bien composées, si une partie plus ou moins grande du tissu sous-jacent prend part à la formation des excroissances papilleuses.

Papilles placentaires simples. — Cette disposition du tissu conducteur sur le placenta ne diffère de la précédente qu'en ce que les cellules épidermiques se sont soulevées en papilles ne dépassant pas une certaine longueur. Les exemples en sont fréquents. Les cellules sont très-peu proéminentes dans les *Asclepias* (placenta rempli de cristaux d'oxalate de chaux), *Azälea*, *Ribes*, *Buddleia*, *Reseda*, etc. Elles sont plus saillantes dans l'*Hypericum perforatum*, le *Mahonia Aquifolium*, le *Pittosporum sinense* (pl. 19, fig. 3 et 4) et les Papavéracées. Dans le *Pittosporum*, tout l'ovaire trimère est ainsi tapissé de papilles très-serrées, dans lesquelles sont enfouis les ovules suspendus, anatropes et portés sur un long funicule. La plupart des plantes dont le tissu conducteur sur le placenta est ainsi pourvu de papilles ont des ovules anatropes dont le micropyle est assez près du placenta..

Dans le *Cypripedium Roezlii* (Orchidée), le tissu conducteur du placenta, composé de très-petits éléments à parois épaissies, présente deux espèces de cellules épidermiques : les unes sont très-petites, comme les éléments du tissu conducteur, les autres sont plus développées et s'élèvent en papilles.

Parmi les dispositions étrangères au tissu conducteur et qui facilitent l'arrivée du boyau pollinique dans le micropyle; il faut compter d'abord la formation d'un mamelon plus ou moins développé qui entoure souvent en forme de manchon toute la base du funicule. D'autres fois une ou plusieurs assises de cellules superficielles appartenant à la partie ventrale du funicule s'élèvent en papilles et servent à conduire le boyau dans le micropyle. Quelques Papilionacées nous offrent cette dernière disposition.

Dans le *Dracæna elegans* (pl. 19, fig. 11, *f*, *c*), la face ventrale du funicule est occupée par une émergence en forme de disque formé par un tissu mou et papilleux dont l'épaisseur peut atteindre jusqu'à six assises de cellules. Cette espèce d'écusson funiculaire se retrouve également dans le *Yucca*, où l'une des cornes est engagée dans le micropyle : d'après des observations de M. Vesque, cette disposition se retrouve dans la plupart des Liliacées. Le funicule du *Stylidium adnatum* (pl. 19, fig. 12*a*) est entouré à sa base d'une collerette de papilles qui aident probablement le boyau pollinique à atteindre le micropyle, relativement éloigné du placenta papilleux. A la base du funicule du *Jasminum nudiflorum*, il existe une bosse de tissu mou remplissant sans doute des fonctions analogues.

Toutes ces dispositions ont pour but de raccourcir le chemin libre que le boyau pollinique est forcé de parcourir, en lui offrant un point d'appui, comme le tampon conducteur des Borraginées et des Labiées, quoique le tissu constituant ces mamelons ou ces papilles ne relève pas du tissu conducteur lui-même et ne soit qu'une simple modification de certaines cellules du funicule.

Enfin le tissu conducteur lui-même forme quelquefois dans le voisinage du micropyle et à la base du funicule un mamelon très-proéminent et qui atteint parfois les bords des téguments de l'ovule, sans s'y unir, comme l'avait supposé Aug. Saint-Hilaire, qui admettait un double point d'attache chez les ovules des Polygonées, des Scléranthées, des Chénopodées et des Amarantées. Brongniart, au contraire, ne voyait avec raison, dans cette disposition du tissu conducteur, que le résultat d'un intime entre les téguments et les papilles (1).

Le tissu conducteur forme un mamelon à la base du funicule dans l'*Abelmoschus Rosa sinensis* (pl. 19, fig. 13 et 14 *a*). Dans cette plante, le tissu conducteur occupe l'axe de l'ovaire par suite de la soudure, sur toute leur surface des bords des cinq carpelles, en formant une étoile à cinq branches dont les extrémités aboutissent à la base des funicules et s'y élèvent en dix proéminences papilleuses d'un tissu délicat et mou (fig. 13, *tc*).

Plus bas, dans l'ovaire, le tissu conducteur se localise sur les parties latérales des bords carpellaires soudés (fig. 15, *tc*.) et le centre de l'axe est occupé par du parenchyme fondamental avec des méats intercellulaires remplis d'air (fig. 15, *pf*).

Une disposition analogue du tissu conducteur se rencontre dans le *Geranium macrorrhizon*, le *Scilla sibirica*, le *Cestrum roseum*, etc.

(1) Voy. Brongniart, *loc. cit.*, p. 244.

Quelquefois le tissu conducteur ne s'étend pas jusque sur le placenta : il forme alors au-dessus de l'ovule une espèce de cordon descendant par lequel le boyau pollinique, en suivant verticalement son chemin, arrive directement au micropyle. Cette disposition se trouve en effet particulièrement caractéristique dans quelques pistils à ovules anatropes pendants, ou à ovules orthotropes dressés, de telle sorte que le micropyle est opposé à la base du style et de la terminaison du tissu conducteur. C'est ainsi que, dans les *Daphne*, le micropyle, tourné vers la base du style, est recouvert d'un volumineux pinceau de poils agglomérés descendants, procédant du tissu conducteur. Mirbel a constaté que, dans le *Statice*, le tissu conducteur s'applique comme un bouchon sur le micropyle, où il reste même après la fécondation (1).

Brongniart (2) a trouvé le tissu conducteur en relation plus ou moins directe avec le micropyle dans le Ricin, *Phytolacca decandra*, *Basella rubra*, *Daphne Laureola*, *Hibiscus syriacus* et les Cucurbitacées, etc. Dans cette dernière famille, les émergences formées par le tissu conducteur sont plus ou moins développées, et assurent inégalement bien l'arrivée du boyau pollinique au micropyle.

On peut considérer comme formant des *papilles composées* le tissu conducteur du placenta de certaines Orchidées, telles que l'*Epidendron ciliare*, l'*Ornithidium densum*, etc., à l'état le plus développé de ce tissu. Dans l'*Epidendron*, en effet, le tissu conducteur forme, sur le placenta et à la base des funicules, des émergences séparées entre elles par des sinus plus ou moins profonds, d'où résultent des papilles composées (pl. 22, fig. 2).

c. Placenta tomenteux.

J'appelle *placenta tomenteux*, celui qui est tapissé à sa surface par un tissu conducteur dont les éléments épidermiques se sont développés en poils mous, flexibles, soyeux et plus ou moins longs.

Il n'existe aucune limite tranchée entre les papilles et les

(1) Voy. J. Sachs, *Traité de botanique*, trad. franç., p. 663.
(2) Voy. Brongniart, *loc. cit.*, p. 244.

poils, à moins qu'on ne veuille rappeler les fonctions souvent différentes des unes et des autres. Nous appellerons *papilles* des poils très-courts, et *poils*, des papilles très-développées. Cependant nous pouvons admettre cette classification des placentas au point de vue du tissu conducteur qui les revêt, quoiqu'elle ne permette pas de tracer une limite exacte. Elle sert seulement à séparer des types extrêmes et à désigner un type intermédiaire.

Les poils et les papilles se trouvent réunis dans le pistil de l'*Ornithidium densum* : le placenta y est occupé latéralement par le tissu conducteur qui forme des papilles composées, et la partie ventrale du carpelle est revêtue de poils très-développés qui sont très-flexibles et enchevêtrés (pl. 20, fig. 2 *a*).

Dans le *Syringa vulgaris*, les ovules sont insérés à la partie supérieure de la loge ovarienne. Ils sont anatropes et pendants. Le placenta développe au-dessus de l'insertion des funicules une pelote de tissu conducteur s'élevant en poils, qui sont en communication immédiate avec le micropyle, qu'ils recouvrent comme d'une espèce de coussinet.

Une disposition tout à fait analogue existe dans l'*Euphorbia Myrsinites*. Les ovules anatropes pendants sont surmontés de véritables coussinets de tissu conducteur qui recouvrent le micropyle (1) (pl. 19, fig. 8, *cm*, et fig. 7, *tc*, en coupe transv.). L'épiderme de ce tissu s'élève en de longs poils tortueux, enroulés, enchevêtrés, et qui pénètrent même à travers l'exostome et l'endostome, jusqu'à venir toucher le nucelle (*n*), dont le sommet est largement recouvert par les téguments.

Le tissu conducteur du placenta des Aroïdées s'élève en poils plus ou moins développés, qui sécrètent souvent un mucilage abondant, remplissant tout l'ovaire d'une gelée amorphe abondante (2). Ils concourent, d'après M. Van Tieghem (3), à la formation de la pulpe de quelques fruits bacciens, ainsi qu'au transport du boyau pollinique. On y rencontre souvent un cristal prisma-

(1) L'*Obturateur* de M. Baillon, *Étude gén. du groupe des Euphorb.*, 1858, p. 167.

(2) Voy. Decaisne, *Mém. sur le Gui*, p. 39, 1840.

(3) Voy. Van Tieghem, *Structure des Aroïdées* (*Ann. sc. nat.*, VI, p. 86.)

tique, très-allongé et très-mince. P. Parlatore (1) a le premier tiré de la position de ces poils des caractères pour la distinction des genres.

Ces poils sont très-développés dans le *Spathophyllum cannæfolium*. Ils peuvent être simples ou bifurqués, uni- ou pluricellulaires, mais il n'y a pas plus de trois cellules superposées. Ils contiennent un plasma granuleux creusé de grandes vacuoles, avec un nucléus arrondi ou ovalaire, accolé à la paroi et renfermant un nucléole. Les poils disparaissent peu à peu dans le canal stylaire.

Dans le *Philodendron cordatum*, les poils sont moins développés, mais ils se forment également sur le long funicule qui supportedes ovules orthotropes situés en dehors du prolongement de son axe (pl. 19, fig. 16).

Les cellules épidermiques du tissu conducteur du *Lychnis dioica* s'élèvent en poils longs et flexueux qui entourent complétement le micropyle. Les centres de formation du tissu conducteur sont en effet situés juste en face du micropyle.

Enfin, le tissu conducteur du placenta du *Convolvulus althæoides* porte des poils pluricellulaires très-développés et entortillés. Ces poils n'existent qu'à la base de l'ovaire, dans la région de l'insertion des funicules. Les ovules sont dressés, anatropes et insérés à la base du placenta.

d. On peut compter également, parmi les dispositions qui servent à assurer l'action du boyau pollinique, la structure particulière de certains ovules. C'est ainsi que le sac embryonnaire de l'ovule des *Santalum* crève le sommet du nucelle, sort et rampe le long du nucelle pour aller à la rencontre du boyau pollinique. Une structure jusqu'à un certain point analogue s'observe chez le *Torenia asiatica* et le *T. Fournieri*, dont le sac embryonnaire, très-développé, fait saillie hors des téguments de l'ovule, et épargne ainsi au boyau pollinique le soin de pénétrer dans le micropyle (2).

(1) Voy. Parlatore, *Flora italiana*, vol. II, 1857, parte 2a.

(2) D'après une communication verbale que M. Treub a faite au Congrès de botanique de Paris en 1878, on voit, chez certaines Orchidées, le filet suspen-

Les différentes dispositions que l'on rencontre dans l'ovaire à l'effet de faciliter l'accomplissement du rôle du boyau pollinique peuvent se résumer dans le tableau suivant :

A. Localisation du tissu conducteur près du micropyle. — *Placenta lisse.*
Ex. : α. Protéacées, etc. ; β. Crucifères.

B. *Placenta papilleux.* — Tissu conducteur s'élevant en papilles.
1. Papilles simples.
α. Position des ovules et longueur du funicule.
β. Mamelon funiculaire. Ex. : *Dracæna, Stylidium.*
γ. Mamelon formé par le tissu conducteur à la base du funicule. Ex. : *Abelmoschus.*
δ. Cordon conducteur descendant. Ex. : *Statice.*
2. Papilles composées. Ex. : *Epidendron ciliare.*

C. *Placenta tomenteux.* — Tissu conducteur s'élevant en poils.
1. Coussinet micropylaire. Ex. : *Euphorbia Myrsinites.*
2. Sécrétion de mucilage. Ex. : Aroïdées.
3. Poils simples. Ex. : *Convolvulus althæoides.*

D. Sac embryonnaire saillant en dehors de l'ovule. Ex. : *Santalum, Torenia.*

Changements qui s'opèrent dans le contenu et dans les parois des éléments du tissu conducteur sur le placenta.

Que le tissu conducteur prenne naissance d'un métablastème ou non, on observe toujours une différenciation de ses éléments de ceux du parenchyme sous-jacent.

Quand un certain nombre de cellules se chargent seules du rôle de tissu conducteur, leurs éléments acquièrent des propriétés particulières qui font reconnaître ce tissu comme tel, quoique l'on ne puisse pas dans tous les cas constater directement ses rapports avec le boyau pollinique.

Les éléments du tissu conducteur sur le placenta sont toujours remplis d'un protoplasma granuleux et dense que l'iode colore en brun foncé. Le tissu en devient parfois, comme dans le *Saxifraga*, tellement opaque, que la limite du côté du parenchyme fondamental est très-tranchée.

seur de l'embryon se porter hors du micropyle, et venir se mettre en communication avec le placenta où le tissu conducteur. Celui-ci étant rempli d'amidon, on comprend qu'il puisse alimenter l'embryon par l'intermédiaire du filet suspenseur, comme il a alimenté le boyau pollinique.

D'autres fois on voit se former dans les cellules du tissu conducteur une matière d'apparence huileuse, très-réfringente, comme dans l'*Hypericum perforatum*, où cette matière est d'une belle couleur jaune d'or, ou dans le tissu conducteur du *Solanum*, dont les cellules sont remplies d'une gouttelette d'huile sans granulations, ainsi que dans le *Viola*, l'*Euphorbia*, etc.

Le tissu conducteur du placenta est rempli de grains de chlorophylle dans le *Verbascum vernale*, et de chlorophylle amorphe dans le placenta du *Cestrum roseum*. On trouve également de gros grains d'amidon dans les poils du placenta du *Convolvulus althæoides*. Ces grains, qui sont parfois agglomérés, sont suspendus dans un plasma aqueux. Dans les poils du *Lychnis dioica*, il y a des grains d'amidon très-petits, qui augmentent de diamètre dans les cellules plus profondes du tissu conducteur. Les poils du *Lychnis* contiennent en outre un nucléus ovalaire avec un petit nucléole, lesquels se colorent en brun par l'iode, ainsi que les traînées de protoplasma.

Les parois cellulaires des éléments du tissu conducteur sur le placenta s'épaississent le plus souvent, se collenchymatisent, ce qui est un commencement de gélification. Cet épaississement, peu prononcé dans quelques plantes, telles que *Papaver hybridum*, *Lonicera*, *Asclepias*, etc, acquiert une plus grande importance dans d'autres, telles que le *Verbascum vernale*, par exemple, où les parois des cellules profondes sont légèrement épaissies aux angles seulement, tandis que toute la paroi externe des cellules épidermiques l'est fortement, de manière à former des sortes de papilles massives. Cette paroi est composée de couches alternativement plus ou moins denses, qui dessinent des plis parallèles et qui sont recouvertes par une cuticule mince, non gonflée (pl. 19, fig. 6, *a*). Brongniart (1) a remarqué, à propos du *Nuphar luteum*, qu'à l'époque de l'imprégnation, c'est-à-dire quelques jours après la floraison, le tissu conducteur qui recouvre les parois internes des loges est recouvert par une membrane mince, séparée des

(1) Voy. Brongniart, *loc. cit.*, p. 246.

cellules du tissu conducteur lui-même par des granules assez nombreux, absolument comme les cellules du stigmate sont séparées de leur épiderme. Ces granules sont les produits de la gélification de la couche moyenne de la paroi cellulaire.

L'effet physiologique, normal dans ces cas, peut être obtenu facilement en laissant une coupe de tissu conducteur non complétement développé séjourner, par exemple, suffisamment longtemps dans de l'eau pure ou additionnée de potasse. Les parois se gonflent alors démesurément. On remarque dans le tissu conducteur du *Grindelia* (Composée) qu'un court séjour dans l'eau a pour effet de gonfler beaucoup plus le parenchyme fondamental du placenta que les parois du tissu conducteur (pl. 19, fig. 10 *f*), tandis que dans la potasse, les parois de ce dernier se gonflent davantage et font ressembler le tissu conducteur à du collenchyme.

La gélification partielle ou totale des parois du tissu conpucteur est beaucoup plus prononcée dans le style et sur le stigmate, pour des raisons qui sont probablement en rapport avec le mode d'imprégnation de ce dernier.

CHAPITRE III.

TISSU CONDUCTEUR DANS LE STYLE.

Passage du tissu conducteur de l'ovaire dans le style. — Formation du tissu conducteur plein.

Le style qui surmonte le carpelle, et qui porte à son extrémité supérieure le stigmate qui reçoit l'imprégnation du pollen, peut être creux à l'intérieur, quand il est arrivé à son développement complet, ou bien rempli par un tissu généralement lâche et mou.

Dans le premier cas, il existe *un canal stylaire*, et dans le second il y a un tissu conducteur *fermé* ou *plein*.

Les ovaires à placentation franchement pariétale sont le plus souvent terminés par un style creux, de sorte que la cavité ovarienne communique directement avec l'extérieur. Cette disposition existe également dans beaucoup de plantes à placentation axile et centrale; seulement, dans ce cas, la cavité de l'ovaire ne communique souvent pas avec celle du style par un canal simple.

Zuccarini (1) déjà avait appelé l'attention sur la trifurcation du canal stylaire dans le *Fourcroya*, l'*Agave* et la plupart des Liliacées.

Dans le *Dracæna*, le canal stylaire est simple dans le style très-long qui surmonte l'ovaire trimère. Avant de déboucher dans la cavité ovarienne, le canal se trouve divisé en trois canaux étroits, par suite de la soudure par accolement des extrémités des bords carpellaires, qui sont engagés alors comme une espèce de cône dans la partie inférieure du canal stylaire simple (pl. 20, fig. 12, *cs*).

Chacun des trois canaux débouche dans une loge de l'ovaire devenu triloculaire, et permet aux boyaux polliniques d'y pénétrer. A cet effet, l'épiderme de la paroi s'élève en une, deux ou trois papilles volumineuses, arrondies, et qui obstruent presque complétement l'étroit canal (pl. 20, fig. 14).

Ces papilles renferment un plasma finement granuleux, avec un noyau arrondi et un nucléole; leurs parois sont très-minces et elles ressemblent à des vésicules embryonnaires.

En coupe longitudinale, on voit que les papilles sont disposées en une, deux ou trois séries parallèles qui s'appuient sur un tissu mou, de deux ou trois rangées de cellules très-longues et séparées par des cloisons obliques, un des caractères distinctifs du tissu conducteur dans le style.

L'ovaire octomère du *Philodendron cordatum* forme huit loges dont chacune est desservie par un canal étroit, de sorte que le style est parcouru par huit canaux disposés en cercle et qui aboutissent supérieurement dans l'embouchure du stigmate (pl. 20, fig. 3, *a*). Le centre du style est occupé par le parenchyme *pf*, résultant de l'accolement des bords carpellaires; il

(1) Voy. Zuccarini, *Nova Acta*, XVI, II, p. 665. — Sachs, *Traité de Botan.*, trad. franç., p. 648.

est rempli de cristaux d'oxalate de chaux. Les canaux sont tapissés par le tissu conducteur sous la forme de petites cellules à parois inégalement épaissies, qui passent insensiblement au tissu sous-jacent (pl. 21, fig. 2). Dans l'iode, certaines de ces cellules *a* se colorent fortement en brun foncé, tandis que les autres restent claires. Dans certains endroits, l'épaisseur de ce tissu n'est que de deux assises, dans d'autres il y a cinq assises. Les canaux descendent très-bas dans l'ovaire et débouchent dans la loge près de l'insertion des funicules. M. Behrens (1) a constaté dans le style du *Musa* une disposition du tissu conducteur qui semble se rattacher à celle-ci. Le style du *Musa* serait parcouru par huit ou neuf canaux particuliers entrecoupés de cloisons transversales, de sorte qu'ils forment des chaînes de cellules (*Zellstränge*) remplies de granules compactes, de mucilage et de tannin.

Dans le style de l'*Æsculus* et du *Pavia* (Hippocastanées) dont la coupe transversale a la forme d'un triangle, on trouve à chaque angle un canal qui se rend à une loge de l'ovaire.

Le canal stylaire du *Medinilla speciosa*, simple au sommet du style, se divise en quatre ou cinq canaux, suivant le nombre des loges de l'ovaire. Un des côtés de ce canal est revêtu comme dans le *Dracæna* d'un tissu conducteur à très-petits éléments serrés et saillants à l'intérieur de la cavité du canal.

Formation du tissu conducteur plein.

Quand, dans certaines plantes telles que les *Vinca*, *Solanum*, *Convolvulus*, etc., on fait, à des hauteurs différentes, des coupes à travers le style, on voit que celui-ci peut être creux en un endroit et plein en un autre.

Le tissu conducteur plein ne résulte, en effet, que d'une soudure plus ou moins étendue entre deux ou plusieurs centres de formation du tissu conducteur.

La formation du tissu conducteur est une production tardive secondaire, et tous les pistils présentent un canal stylaire avant la formation des placentas et des ovules.

(1) Voy. Beherens, *loc. cit.*, p. 22.

Les pistils monomères nous renseignent le plus clairement sur la formation du tissu conducteur plein.

Dans le *Rubus odoratus*, chaque bord carpellaire est le siége d'un centre de formation du tissu conducteur. A l'entrée dans le style, les deux centres, qui ont acquis chacun la forme d'un demi-cercle en coupe transversale, se rapprochent et se soudent par leur épiderme en un tissu plein cylindrique, situé excentriquement à la base du style, mais qui ne tarde pas à gagner plus haut le centre du style pour y former un cylindre volumineux, entouré d'un parenchyme fondamental rempli d'oxalate de chaux.

Dans les Protéacées, la paroi ovarienne opposée au placenta et au tissu conducteur concourt à former le tissu conducteur plein du style.

Dans l'ovaire du *Grevillea*, par exemple, on voit le tissu conducteur, localisé dans l'angle interne des bords carpellaires, confluer à la partie supérieure de la cavité ovarienne (pl. 21, fig. 5), puis former un mamelon simple, *tc*, qui obstrue l'étroit canal, *b*, formé par le rétrécissement graduel du corps entier de l'ovaire, et finalement se souder à la paroi opposée dans toute son étendue (pl. 21, fig. 6). On remarque dans l'épiderme de cette paroi quelques divisions tangentielles, *a* (1).

Dans le *Banksia integrifolia*, ainsi que dans le *Manglesia cuneata* (pl. 21, fig. 10), le tissu conducteur se constitue de la même manière sans toutefois acquérir un développement aussi considérable (2).

(1) Ces divisions paraissent être assez fréquentes. J'ai pu constater leur présence dans d'autres plantes. (Voy. Warming, *De l'ovule*, *loc. cit.*, la note de la page 53.)

(2) Le tissu conducteur du *Banksia* est entouré d'un parenchyme fondamental composé de cellules sclérenchymateuses à lumen plus ou moins étroit, entremêlées de cellules treillissées. Cette structure donne au style une grande élasticité qui est en rapport avec le mode de fécondation de ces plantes. Les étamines, soudées imparfaitement entre elles dans toute leur étendue, retiennent la partie supérieure du style, et, pendant que sa partie moyenne s'allonge considérablement, elle se recourbe en dehors et exerce, à cause de son élasticité, une forte pression sur les anthères soudées par leurs bords. M. Behrens (*loc. cit.*, p. 17) a signalé des dispositions analogues dans le pistil des *Musa* et des *Strelitzia*.

Le tissu conducteur plein du style du *Vinca* se constitue d'une manière un peu plus compliquée. Après que chaque carpelle, séparé à la base, s'est formé un tissu plein à l'instar de celui du *Rubus*, il va se réunir au carpelle opposé pour former un style simple. Cette réunion se fait par la soudure des deux faces en contact, de sorte que la zone de tissu, comprise entre les deux cylindres de tissu conducteur de chaque carpelle, se transforme également en tissu conducteur. Les deux cylindres séparés ne forment plus alors qu'un cylindre unique. Épiderme et parenchyme fondamental ont perdu leurs caractères distinctifs afin de remplir une même fonction. Les parois sont devenues épaisses, collenchymatoïdes.

Le tissu conducteur plein du *Saxifraga* se forme par le rétrécissement graduel du corps de l'ovaire jusqu'à disparition complète de la cavité ovarienne, qui se prolonge encore quelque peu dans la base du style.

Dans le pistil de l'*Heliotropium grandiflorum*, la ligne de séparation des deux placentas est encore très-visible au-dessus de la base du style (pl. 19, fig. 1). Dans le *Salvia scabiosæfolia*, les séries cambiales qui forment le tissu conducteur sont tellement régulières, au niveau de la formation du tissu conducteur plein, que la ligne de soudure est indiquée par l'alternance des files de cellules. Il en est de même dans le *Buddleia globosa* (pl. 21, fig.1).

Enfin le tissu conducteur plein de beaucoup de plantes, telles que les *Geranium*, *Abelmoschus*, etc., se forme déjà dans l'ovaire, où les placentas sont réunis en une colonne axile dont le centre est occupé par le tissu conducteur. Ce dernier résulte ainsi de la soudure des bords carpellaires sur toute leur surface. Il était donc déjà formé avant la réunion des bords en une colonne axile.

Le tissu conducteur du style des Composées n'est pas toujours plein. Souvent les deux parois opposées du canal ne sont qu'accolées et non soudées, de sorte qu'il reste toujours une étroite fissure entre les deux bords. Cette fissure s'élargit plus haut et forme un canal stylaire plus large (pl. 21, fig. 11).

Il y a donc à distinguer entre tissu conducteur *plein* et tissu conducteur *fermé*, selon que les bords du canal stylaire sont soudés entre eux ou simplement accolés.

Dans les styles à tissu plein, le stigmate est généralement sans cavité; dans les styles fermés au contraire, le canal stylaire s'élargit souvent en entonnoir au niveau du stigmate.

Remarquons enfin que le canal stylaire ne se trouve pas oblitéré par le gonflement du tissu conducteur, mais par la prolification de celui-ci.

Les différentes manières d'être que présente le tissu conducteur par rapport à l'absence ou à la présence du canal stylaire peuvent être résumées dans le tableau suivant :

a. Style d'ovaire monomère pourvu d'un canal stylaire incomplet, ou rainure conductrice. Ex. : Renonculacées, Hamamélidées.
b. Ovaire monomère et style à canal stylaire complet. Ex. : Papilionacées.
c. Ovaire monomère à tissu conducteur plein, absence de canal. Ex. : Protéacées, *Rubus*.
d. Ovaire polymère à canal stylaire simple. Ex. : Iridées, Borraginées.
e. Ovaire polymère à canal stylaire divisé. Ex. : Liliacées, *Medinilla*.
f. Ovaire polymère à tissu conducteur plein. Ex. : Saxifragées, Labiées.

Toutes les différences qui existent entre les pistils qui sont pourvus d'un canal stylaire plus ou moins étendu et plus ou moins complet, et les pistils qui ont un tissu conducteur plein, semblent être en relation avec les variations morphologiques de la feuille carpellaire (1).

(1) On pourrait expliquer ces différences, en admettant que, par exemple, dans les pistils à canal stylaire incomplet, les bords carpellaires se sont infléchis beaucoup plus pour former l'ovaire qu'ils ne se sont infléchis pour former le canal stylaire, d'où résulte la non-soudure des bords le long du style et du stigmate ; tandis que, dans l'ovaire monomère à canal stylaire, les bords carpellaires sont soudés dans toute la longueur du pistil.

Le pistil polymère nous présente alors les mêmes dispositions pour chaque carpelle pris séparément, de sorte que le pistil *polymère* à canal stylaire simple est au pistil *monomère* à canal stylaire incomplet, comme le pistil *polymère* à canal divisé est, jusqu'à un certain niveau du style, au pistil *monomère* pourvu d'un canal stylaire.

La division du canal stylaire des pistils polymères n'existe jamais dans toute la hauteur du style.

Il serait, du reste, d'un grand intérêt d'étudier comparativement la morphologie des feuilles et des organes de la fleur.

Quand, d'une manière générale, on parle du tissu conducteur, on le caractérise toujours par les propriétés chimiques et physiques de ses éléments. Ces propriétés sont d'ailleurs le plus souvent tellement différentes de celles des tissus environnants, qu'elles suffisent à le caractériser.

Le tissu conducteur n'acquiert toutes les propriétés qui le rendent apte à conduire le boyau pollinique qu'à l'époque de l'imprégnation du stigmate, et quelquefois beaucoup plus tard. Les différences que l'on trouve dans la constitution finale du tissu conducteur dans le style sont généralement celles que l'on remarque sur le placenta. Le cas le plus simple est celui de l'adaptation de l'épiderme : le contenu cellulaire de l'épiderme devient granuleux, dense et peu réfringent, caractères du protoplasma d'une active vitalité (1).

Le tissu conducteur du *Crocus luteus*, composé d'une ou de deux assises de cellules, présente cette particularité, qu'il est pour ainsi dire mécaniquement renforcé par une membrane très-étendue, plissée selon les irrégularités de développement de la paroi du canal stylaire, et qui en occupe le centre en formant une étoile à trois bras. Je n'ai pu constater son mode d'origine; mais je crois que c'est la cuticule de l'épiderme du tissu conducteur qui s'est complétement détaché, d'autant plus que sa surface est parsemée de petites irrégularités.

Dans la plupart des plantes, les parois cellulaires des éléments du tissu conducteur augmentent considérablement d'épaisseur. Il apparaît alors généralement sur la paroi épidermique une couche externe moins réfringente : la cuticule. Cette couche devient surtout très-manifeste, quand on met la coupe dans de la potasse étendue.

L'épaississement des parois est considérable dans la rainure

(1) M. Behrens, qui a observé ce cas dans le *Pirola rotundifolia*, hésite à élever l'épiderme, même pourvu de courtes papilles, au rang de tissu conducteur. Dans le *Fumaria major*, où il n'y a même pas de papilles, j'ai vu le boyau pollinique traverser le canal stylaire en s'attachant à la paroi. Je n'ai pu constater, dans aucun des pistils que j'ai examinés à ce sujet, l'absence du tissu conducteur. S'il n'y avait pas toujours un tissu de création nouvelle, le tissu conducteur était cependant toujours représenté physiologiquement.

conductrice des Renonculacées. Le tissu conducteur y acquiert toutes les apparences d'un véritable collenchyme.

Le tissu conducteur du canal stylaire du *Deherainia smaragdina* Dcne (Théophrastée) est remarquable. Il est composé à la base du style de cinq à huit assises de cellules, qui ont des parois très-épaissies et qui renferment de la chlorophylle (pl. 20, fig. 9). Elles sont recouvertes par une rangée de cellules épidermiques *e*, dont les parois radiales, peu épaissies dans leur moitié inférieure, s'épaississent brusquement et deviennent collenchymatoïdes. Ces cellules sécrètent un mucilage abondant, ferme et peu granuleux, *a*, qui remplit presque complétement le canal stylaire, et dans lequel on rencontre, à un moment donné, un grand nombre de boyaux polliniques, *bp*. Près du stigmate, les cellules épidermiques ne diffèrent des éléments sous-jacents que par leurs dimensions.

La sécrétion du mucilage est, du reste, assez fréquente. Dans le canal stylaire du *Fagelia*, du *Symphytum echinatum*, ce mucilage est très-granuleux et peu compacte; le boyau pollinique n'y trouverait pas un point d'appui exclusif.

Quand, dans un canal stylaire, le tissu conducteur est très-volumineux, il peut, dans certains cas, se comporter comme le tissu conducteur plein ou fermé, c'est-à-dire que le boyau pollinique ne suit plus les bords du canal stylaire, mais pénètre à l'intérieur du tissu, grâce aux modifications qui se sont produites dans les parois des cellules gélifiées.

C'est ce qu'on remarque dans le *Gesneria elongata*. La paroi mitoyenne des cellules du tissu se gélifie, de sorte que les cellules semblent être plongées dans une « substance intercellulaire » (pl. 23, fig. 5). Les parois latérales des cellules épidermiques sont très-peu gonflées, et la paroi externe ne l'est pas du tout. Les cellules du tissu conducteur de cette plante sont remplies d'amidon en grains.

Les papilles et les poils très-développés que porte le placenta de quelques pistils disparaissent souvent dans le canal stylaire, et inversement.

Les cellules épidermiques du canal stylaire de l'*Euphorbia*

Myrsinites ne s'élèvent pas en longs poils, comme dans l'ovaire. Le tissu conducteur est volumineux dans le style ; les parois des cellules sont épaissies, et quelques-unes de ces dernières sont remplies d'une matière opaque et granuleuse. Par suite du développement irrégulier du tissu, il s'est formé des bosselures et des plissements auxquels on peut appliquer le nom de papilles composées.

Un exemple plus net de papilles composées nous est fourni dans le canal stylaire du *Reseda alba* (pl. 20, fig. 8). Les papilles composées du canal stylaire se trouvent jusque sur le stigmate.

La présence de papilles simples dans le canal stylaire est beaucoup plus fréquente. Ces papilles se rencontrent à tous les degrés, depuis un léger soulèvement de la cellule épidermique jusqu'à la formation de longs poils.

Dans l'*Asclepias*, la loge ovarienne de chacun des deux carpelles séparés à la base se rétrécit supérieurement en un canal étroit qui va s'unir au canal du carpelle opposé dans un style simple. Les papilles peu élevées qui revêtent ce canal ont des parois très-minces et sont remplies d'amidon ainsi que le tissu environnant.

Le canal stylaire du *Forsythia suspensa* est tapissé de papilles irrégulièrement développées et pourvues de parois très-minces.

Dans le *Polemonium*, les papilles sont plus développées, quoique peu nombreuses ; elles s'enchevêtrent dans le canal de manière à l'obstruer presque complétement.

Le canal stylaire du *Spathophyllum* est tapissé de longs poils qui se perdent dans la partie supérieure et sont remplacés par des papilles de moins en moins élevées, jusqu'à disparaître complétement sur le stigmate.

Enfin le canal stylaire du *Glaucium fulvum* est garni de poils insérés par une base très-rétrécie sur une large cellule épidermique ; le sommet des poils est très-dilaté et tourné vers la base de l'ovaire, tandis que dans l'ovaire les papilles sont dirigées de bas en haut, direction opposée à celle des ovules, qui sont anatropes dressés. La base étroite des poils est obstruée à une certaine époque par une huile opaque très-dense.

Dissociation du tissu conducteur.

Les cellules qui composent le tissu conducteur ne restent pas toujours accolées l'une à l'autre en formant un tissu compacte et sans solution de continuité. Souvent les éléments du tissu conducteur qui tapisse un canal stylaire se détachent sur une plus ou moins grande étendue de leur surface et produisent un tissu très-lâche dans lequel les cellules sont, ou bien réunies dans une gelée provenant des parois mitoyennes gélifiées des cellules, ou bien ne tiennent au reste du tissu que par une petite surface de leur paroi.

Le décollement des cellules procède toujours d'une gélification des parois mitoyennes.

Le tissu conducteur se dissocie à la base du canal stylaire du *Cestrum roseum* (pl. 20, fig. 5); dans le voisinage du stigmate, le tissu devient fermé, puis plein.

La dissociation du tissu est très-avancée dans les *Begonia incarnata*, *Medinilla speciosa*, etc. Les cellules dégagées remplissent le canal stylaire au milieu d'un mucilage granuleux provenant des parois gélifiées (pl. 22, fig. 6 et 8). Elles sont pourvues d'une paroi propre, plus épaisse que celle des éléments du tissu resté compacte au bord du canal.

La dissociation est moins manifeste dans l'*Antirrhinum*, le *Prismatocarpus*, le *Convolvulus*, etc.; mais elle est très-remarquable dans le canal stylaire des Orchidées.

Le canal stylaire de la plupart des Orchidées a la forme d'une étoile à trois branches (en coupe transversale).

Le tissu conducteur, dans le canal stylaire d'un pistil d'Orchidée très-jeune, est formé par des cellules très-serrées: exemple, *Epidendron ciliare* (pl. 22, fig. 2, *tc*). Au fur et à mesure qu'il se développe, ce tissu se creuse de méats intercellulaires de plus en plus larges. Le contenu des cellules devient en même temps très-dense, opaque et granuleux, et les parois cellulaires s'épaississent considérablement, surtout dans les angles (pl. 22, fig. 3, *a*).

Les méats intercellulaires s'agrandissant de plus en plus, les cellules finissent par s'allonger considérablement dans un sens en s'aplatissant dans l'autre, et, quand le tissu est devenu finalement tout à fait lacuneux, les cellules ne tiennent ensemble que par leurs extrémités quelque peu renflées (pl. 22, fig. 4) (1).

Cette dislocation est encore plus avancée dans le *Phajus grandifolius* (pl. 22, fig. 5), où les cellules ne se relient que par une pointe très-ténue, *a*, véritable isthme formé par la paroi très-amincie. Les méats intercellulaires semblent disposés dans un certain ordre ; ils se trouvent séparés tangentiellement par une rangée, radialement par deux ou trois rangées de cellules, et, dans le premier sens, l'alternance de méats et de rangées de cellules peut se répéter jusqu'à cinq fois.

Le tissu conducteur est moins disloqué dans l'*Aerides suavissimum*, mais il l'est davantage dans le *Cymbidium aloifolium*, l'*Ornithidium densum*, le *Cypripedium Rœzlii*, etc. Dans cette dernière plante, les éléments du tissu conducteur, cellules polygonales, déprimées, anguleuses, ne laissent plus reconnaître aucune disposition en tissu.

Il semble que ces cellules sont prises dans une gelée très-diluée, provenant de la gélification de la couche mitoyenne des parois. Le passage du tissu conducteur au parenchyme sous-jacent n'est pas brusque ; les cellules extrêmes du tissu conducteur contiennent des cristaux d'oxalate de chaux sous forme d'enveloppe de lettre.

Ce passage est plus brusque dans l'*Epidendron ciliare*.

Dans la plupart de ces plantes, la paroi externe de l'épiderme du tissu conducteur laisse apercevoir trois couches différentes de consistance et de pouvoir réfringent : une couche interne dense et réfringente (c'est celle qui entoure les cellules après la dissociation), une couche moyenne très-gonflable par les réactifs (c'est elle qui se gélifie), et enfin une couche externe plus opaque, dense et qui peut être la cuticule. Dans certaines

(1) Voy. R. Brown, *Observ. on Fecund. in Orchid. and Asclep.* (in *Transact. of Linn. Soc.*).

Orchidées, telles que le *Sophronitis*, l'*Epidendron*, etc., cette cuticule se détache du reste de la paroi (pl. 22, fig. 10, *a*), s'avance dans le canal stylaire jusqu'à toucher la cuticule de la paroi opposée également détachée. Elle reproduit, comme dans le *Crocus luteus*, toutes les circonvolutions et les plissements du tissu conducteur. Cet effet est probablement obtenu par suite de la gélification de la couche moyenne qui soulève alors la cuticule rendue visible à cause de son opacité. Je n'ai cependant pas pu voir les granulations ou les débris de la paroi qui accompagnent souvent cette gélification. Sur certains points, la couche moyenne semble ne pas s'être gonflée, de sorte que la cuticule forme des arcades nombreuses.

Dans le canal stylaire du *Phajus*, l'étroite fente qui sépare les deux parois opposées du tissu conducteur lacuneux est remplie d'un mucilage granuleux (pl. 22, fig. 5, *m*).

Dans les pistils pourvus d'un canal ouvert, le boyau pollinique ne trouve pas de résistance à vaincre dans sa descente vers l'ovaire ; mais il n'en est pas de même dans les pistils pourvus d'un tissu conducteur plein ou fermé. Le boyau pollinique ne saurait y pénétrer, si les cellules ne subissaient des changements indiqués dans la consistance de leurs parois (1).

On reconnaît par des coupes transversales faites dans le tiers supérieur de la longueur du style, qu'à ce niveau le tissu conducteur plein ou fermé occupe presque toujours le centre du style. Plus bas il devient excentrique, en rapport avec le mode de placentation.

Le passage du tissu conducteur au parenchyme fondamental est rarement brusque (*Cheiranthus*, pl. 21, fig. 9, *pf* ; *Saxifraga*, *Banksia*, etc.). Le tissu conducteur se relie ordinairement au parenchyme fondamental par des cellules de moins en

(1) MM. Reisseck et Karsten (*Nova Acta*, XXI, 1844, p. 467, et *Botan. Zeitung*, 1849, p. 36) disent avoir obtenu le développement du boyau pollinique dans différents tissus végétaux, par exemple dans le parenchyme des Pommes de terre, dans la tige creuse du *Caltha palustris* et du *Dahlia*, dans le pseudo-tissu d'un *Mucor*, etc. Spallanzani déjà (voy. *loc. cit.*, p. 395) avait proposé une expérience analogue sans connaître l'existence du boyau.

moins épaissies, ou bien il existe autour du cylindre du tissu conducteur (*Pittosporum*, *Geranium*, pl. 22, fig. 7 ; *Hibiscus*, etc.) une gaîne, *a*, de plusieurs cellules fortement comprimées et aplaties radialement. Comme le gonflement du tissu conducteur plein, *c*, est accompagné d'une augmentation de volume considérable, les cellules de la gaîne, disposées en rangées régulières, sont quelquefois comprimées jusqu'à extinction complète de leur lumen.

Les parois mitoyennes des cellules du tissu conducteur des *Hypericum*, *Buddleia*, *Salvia*, etc., sont gonflées considérablement. Dans le *Salvia* (pl. 21, fig. 13), la gelée, *b*, qui emprisonne les cellules est très-compacte et très-réfringente ; les cellules *c* sont petites et contiennent de nombreux grains d'amidon. On reconnaît parfaitement, même dans cet état, une disposition en séries cambiales, *a*, qui rappelle l'origine de ces cellules.

Dans le style du *Buddleia*, le tissu conducteur ne se distingue guère du parenchyme fondamental que par les dimensions plus réduites de ses éléments, le tout étant fortement collenchymatoïde (pl. 21, fig. 4 et 7).

Que la paroi mitoyenne des cellules se gélifie complétement ou incomplétement, celles-ci seront toujours plus ou moins dissociées et paraîtront indépendantes l'une de l'autre. Le réseau polygonal du tissu naissant disparaît et les cellules s'arrondissent.

La gelée formée par les parois cellulaires est souvent homogène ; d'autres fois sillonnée de bandes alternativement plus ou moins réfringentes (ex. *Sanguisorba*).

La présence de grains d'amidon n'est pas rare dans le tissu conducteur. Dans d'autres plantes, l'accumulation de chlorophylle amorphe et d'une huile ou matière grasse très-abondante dans les cellules du tissu conducteur rend l'observation exacte très-difficile sans l'aide de l'éther.

Il n'est pas rare de trouver dans le parenchyme fondamental, et au contact du tissu conducteur, une couche de cellules remplies de grains d'une matière colorante généralement carmin, violet ou bleuâtre (*Geranium macrorhizon*, *Azalea*, *Trachystemon orientale*).

Le tissu conducteur se présente ordinairement en coupe longitudinale sous la forme de cellules fibreuses très-délicates, lâchement unies, séparées par des cloisons horizontales, mais plus souvent obliques.

Dans quelques plantes (*Epidendron ciliare*, pl. 22, fig. 1), les cloisons sont tellement obliques, que les cellules ressemblent tout à fait à des fibres.

Il est rare de ne pas voir les éléments du tissu conducteur allongés dans le sens de l'axe du style (ex. *Cestrum roseum*, pl. 20, fig. 5; *Banksia*, etc.). Dans l'*Heliotropium*, ce tissu est, en coupe longitudinale, disposé en séries cambiales juxtaposées, régulières, comme dans une coupe transversale (pl. 24, fig. 5, *tc*).

En considérant l'ensemble des caractères que présente le tissu conducteur dans ses différentes manières d'être, on remarque qu'il y en a un certain nombre qui ne souffrent que des exceptions rares et qui sont assez générales pour qu'on puisse les considérer comme le critérium de ce tissu. Ces caractères nous sont fournis par le contenu des cellules, l'épaisseur de leurs parois, leur forme et souvent leur mode d'origine.

Le boyau pollinique traverse le style dans le tissu conducteur ou bien au contact de ses parois externes, en s'appuyant contre les parois des cellules non surélevées ou contre les papilles. Dans le tissu conducteur plein, la descente du boyau ne doit pas être plus difficile après la gélification des parois que dans le canal stylaire rempli de mucilage sécrété ou obstrué par un pseudo-tissu résultant de l'enchevêtrement des poils ou des papilles.

Quand, dans une coupe transversale (pl. 22, fig. 9), on rencontre un ou plusieurs boyaux polliniques, *bp*, cheminant dans la gelée du tissu conducteur plein, on remarque qu'à la suite de l'augmentation du volume, les cellules constitutives de ce tissu sont fortement comprimées, leur lumen s'est rétréci, et elles se sont flétries par suite de l'absorption de leurs matières emmagasinées par le boyau pollinique parasitaire qui, lui, est rempli d'un protoplasma dense, opaque ou bourré de grains d'amidon très-petits (1).

M. Strasburger (2) a signalé le cloisonnement que subit parfois le boyau pollinique dans le style. Il se forme alors une espèce de bouchon de cellulose qui obstrue complétement la cavité du boyau à différents niveaux. Ceci peut être observé facilement dans le canal stylaire du *Viola* (3).

CHAPITRE IV

TISSU CONDUCTEUR SUR LE STIGMATE.

« Le stigmate est un renflement ou une expansion de forme diverse qui retient les grains de pollen transportés à sa surface, et leur permet, grâce à l'humeur visqueuse qu'il sécrète, de développer leurs tubes polliniques (4). »

« Le stigmate forme le plus souvent, à l'extrémité du style, un renflement celluleux à surface papilleuse ou veloutée, qui devient même assez gros pour y constituer une sorte de tête, ce qui le fait alors appeler « capité » (*capitatum*). Chez d'autres plantes, il ne consiste que dans l'extrémité amincie du style (5). »

Il y a lieu de faire ici une distinction et de préciser. Le nom de *stigmate* s'applique, d'après les définitions précédentes, à toute extrémité de style quelque peu modifiée dans sa contexture et sa forme. On comprend ainsi, sous la dénomination de stigmate, des tissus morphologiquement et physiologiquement très-différents, dont les uns peuvent appartenir au parenchyme

(1) Voy. Radlkofer, *Die Befruchtung der Phanerogamen*, 1856, p. 14.

(2) Strasburger, *Befruchtung und Zelltheilung*.

(3) R. Brown a vu cette occlusion de la cavité du tube pollinique dans le canal stylaire des Orchidées (*On Fecund. in Orchid. and Asclep.*).

(4) J. Sachs, *Traité de botanique*, trad. franç., p. 637.

(5) P. Duchartre, *Éléments de botanique*, 2e édit., p. 685.

fondamental du style, les autres au système fibro-vasculaire, aux tissus épidermiques, et qui peuvent être des tissus primaires et secondaires.

Nous n'appliquerons le nom de *stigmate* qu'au stigmate vrai, c'est-à-dire à cette partie du style qui est formée *exclusivement* par l'épanchement à la surface du tissu conducteur; tandis que tout le reste des tissus adjacents qui ne servent qu'à assurer d'une manière plus ou moins complète l'imprégnation, seront désignés sous le nom d'*appareil collecteur*.

Cet appareil est diversement perfectionné et développé dans les différentes plantes, mais il est toujours en rapport avec le mode d'imprégnation du vrai stigmate. Son rôle, étudié chez un certain nombre de types (1), démontre que l'appareil collecteur est parfois seul à assurer l'imprégnation.

Du moment que nous aurons fait cette distinction importante au point de vue anatomique, nous pouvons examiner séparément ces parties, qui sont le plus souvent très-distinctes l'une de l'autre, si elles coexistent; mais dont l'une, l'appareil collecteur, peut faire défaut ou n'être représentée que très-imparfaitement.

a. Le stigmate proprement dit.

Le stigmate proprement dit est formé exclusivement par le tissu conducteur qui a pris naissance successivement sur le placenta, dans le style et sur le stigmate.

Le stigmate ne résulte donc, dans beaucoup de cas, que d'une simple différenciation de certaines cellules, soit de l'épiderme seul, soit de l'épiderme et du parenchyme fondamental.

Dans d'autres cas, plus nombreux, le stigmate résulte d'un tissu de création nouvelle.

D'après cela, il doit exister une relation intime entre la place

(1) Les travaux de Hermann Müller, F. Delpino, Ch. Darwin, Hildebrand, Fritz Müller, etc.

qu'occupe le tissu conducteur sur le placenta et celle qu'il occupe sur les divisions du stigmate ou sur le sommet du style.

R. Brown (1) a appelé l'attention sur les corrélations qui existent entre les divisions du stigmate et la position des placentas, sans envisager le tissu conducteur comme un tissu indépendant et de création nouvelle.

Comme le placenta dans l'ovaire, ainsi le stigmate du style est double pour chaque carpelle. Il résulte diverses modifications du degré plus ou moins avancé de « confluence » des stigmates. Dans beaucoup de plantes polymères uniloculaires, le stigmate (2) est « capité » et ne présente pas de divisions dont le nombre soit en rapport avec celui des carpelles.

Les pistils uniloculaires polymères, ainsi que les pistils pluriloculaires, présentent le plus souvent des stigmates qui alternent avec les placentas confluents dans l'ovaire, et qui sont par conséquent superposés aux loges ou dans la direction de la nervure médiane de la feuille carpellaire.

Il y a des exceptions à cette règle dans le pistil des plantes de la famille des Crucifères. Dans une Crucifère, en effet, un des centres de formation du tissu conducteur d'un stigmate s'est réuni au centre de formation adjacent du stigmate opposé, de sorte que les lobes terminaux du style, au lieu d'alterner avec les placentas, leur sont opposés et alternent avec les loges, comme l'a observé R. Brown.

On acquiert facilement une idée des rapports des stigmates en examinant des fleurs monstrueuses. On voit alors chaque bord carpellaire des pistils, souvent béants, terminé par un petit mamelon simple qui représente un demi-lobe stigmatique des pistils normalement développés (3).

(1) R. Brown, *loc. cit.*

(2) Le stigmate capité d'un pistil polymère est composé, puisqu'il résulte de la confluence des stigmates de plusieurs carpelles.

(3) Voy. Duchartre, *Monstruosité de la fleur du Violier* (*Ann. sc. nat.*, sér. 5e, t. XIII, fig. 2, pl. 1). — J. Peyritsch, *Ueber Bildungsabweichungen bei Cruciferen* (*Pringsh. Jahrb.*, VIII, 1872) : les figures de fleurs monstrueuses d'*Arabis alpina* et de *Sisymbrium*.

Les lobes du style sont également opposés aux placentas confluents et aux cloisons ovariennes, par conséquent alternants avec les loges de l'ovaire dans les *Papaver* et dans le *Parnassia* (1).

Une confluence pareille entre les centres de formation des stigmates est moins fréquente dans les ovaires polymères pluriloculaires. Elle existe cependant, d'après R. Brown, dans le plus grand nombre des Iridées, où chacune des trois branches du style alterne avec la loge ovarienne.

Le stigmate, même apparemment terminal, est latéral. Formé sur les bords carpellaires, il n'envahit pas la face du carpelle opposée à celle où il a pris naissance, c'est-à-dire la face carpellaire externe ou inférieure.

Quand le stigmate paraît être terminal, c'est que le sommet du carpelle s'est réfléchi de manière que le tissu conducteur occupe le sommet du style.

La position latérale du stigmate est facile à constater sur un grand nombre de plantes (ex.: les Labiées, Renonculacées, Butomées, et, d'après R. Brown, sur le *Tasmania*), où le stigmate s'étend quelquefois sur presque toute la longueur de l'ovaire.

Les différences morphologiques qui peuvent se rencontrer, soit dans le développement d'un nombre plus ou moins considérable de branches stigmatiques (généralement un multiple du nombre des carpelles), soit dans les rapports de position ou de connexion de ces branches, sont très-nombreuses.

Ce n'est pas ici le lieu de s'en occuper.

Le tissu conducteur plein peut se terminer supérieurement en un stigmate capité, ou bien se décoller suivant la ligne de soudure primitive, et former une espèce de réceptacle stigmatique qui, dans certaines plantes, telles que les Vandées (2), joue un rôle physiologique en ce qu'il retient les grains de pollen et favorise par cela l'imprégnation.

(1) R. Brown, *loc. cit.*, p. 197.

(2) Fed. Delpino, *Ulter. Osserv. sulla dicogamia nel Regn. veg.* Mil., 1875, et *Just. Jahresb.*, 1874, p. 181.

Quand le tissu conducteur plein forme une pelote compacte au sommet du style, il diverge ordinairement en éventail d'une façon très-régulière. Il est probable qu'il y a, dans ce cas, multiplication des éléments du tissu, parce que le volume en devient nécessairement beaucoup plus considérable.

On observe ceci dans les Primulacées, les *Stylidium*, *Passiflora*, *Brunfelsia eximia* et dans les Malvacées, etc. Dans cette dernière famille, le style, simple, résultant d'un ovaire composé polymère, se divise supérieurement en un certain nombre de branches dont chacune est terminée par un stigmate capité, et représente en coupe transversale la même disposition des tissus qu'une coupe transversale à travers le style simple.

Tandis que dans le *Passiflora* le tissu conducteur du stigmate capité semble déborder, dans le *Brunfelsia*, au contraire, la pelote est entourée d'un rebord élevé formé par le tissu environnant.

Avant d'aller s'étaler sur les branches du style, le tissu conducteur se décolle dans les *Geranium*, *Gesneria*, *Jasminum*, les Crucifères, les Protéacées, etc.

Généralement, le décollement est graduel, c'est-à-dire que les éléments de la région centrale du cylindre du tissu conducteur plein, de dimensions réduites au niveau de la soudure (à la base du style), acquièrent des dimensions de plus en plus grandes au fur et à mesure qu'on approche du stigmate, perdent leur contenu protoplasmique dense, et finalement se décollent.

Un exemple caractéristique de ce phénomène se trouve dans le pistil du *Syringa* et du *Cheiranthus* (pl. 21, fig. 9, *a*).

Les styles pourvus d'un canal stylaire ou d'un tissu conducteur fermé supportent un stigmate évasé généralement en godet de formes différentes.

Le stigmate du *Viola* se trouve sur les parois d'une vaste cavité que forme le sommet volumineux du style replié en capuchon. Le stigmate est représenté simplement par un tissu conducteur épidermique.

A l'intérieur de cette cavité, dont l'entrée est quelquefois bordée inférieurement d'un repli membraneux (1), on trouve quantité de grains de pollen en voie de germination et serpentant dans tous les sens.

La surface du stigmate proprement dit peut être lisse ou garnie de papilles. Les stigmates lisses paraissent être fécondés plutôt par les insectes (plantes entomophiles), tandis que les plantes pourvues de stigmates papilleux seraient plutôt anémophiles.

L'une et l'autre de ces dispositions sont modifiées par la plus ou moins grande perfection de l'appareil collecteur.

Le stigmate est lisse dans les *Euphorbia*, *Deherainia*, *Spathophyllum*, *Manglesia*, *Rivina brasiliensis*, etc.; la surface en est revêtue d'un réseau de cellules polygonales (pl. 23, fig. 9).

Dans le *Rivina*, les cellules épidermiques sont prismatiques, leurs parois radiales sont très-développées, et elles reposent sur du tissu à éléments polygonaux. Cette disposition de la couche externe du tissu conducteur sur le stigmate se rencontre assez fréquemment pour que M. Behrens (2) ait pu la distinguer spécialement par le nom d'épithélium prismatique (*Prismen Epithel*).

On la trouve principalement sur le stigmate lisse des Ombellifères. Sur le stigmate de l'*Azalea*, cet épiderme repose sur un tissu rempli de grains d'amidon et dont les deux premières couches contiennent une matière colorante carmin.

Le plus souvent le tissu conducteur du stigmate s'élève en papilles.

Les cas où la cuticule des parois des cellules épidermiques concourt à favoriser l'imprégnation en retenant le pollen, sont rares. On trouve sur beaucoup de stigmates lisses une mince cuticule qui n'est cependant d'aucun secours (ex. *Fœniculum*).

(1) Ce repli existe dans le *Viola tricolor* var. *vulgaris*, et manque dans la variété *arvensis* de la même espèce. D'après M. H. Müller, il y a hétérofécondation dans la première et autofécondation dans la seconde. (Voy. H. Müller, *Wechselbezieh. zu Blumen und Inseckten.* — Schenk, *Handbuch der Botanik*, I.)

(2) J. Behrens, *Untersuchungen über den anat. Bau des Griffels und der Narbe*, 1875.

M. Behrens (1) a trouvé sur l'épiderme du stigmate du *Veronicâ grandis* une cuticule développée en petites proéminences striées tangentiellement. D'après un dessin de M. Hildebrand, publié par le même auteur, l'*Anchusa italica* porte sur son stigmate des excroissances de la cuticule en forme de bouteille dont le col supporte un petit plateau à bords crénelés. M. Behrens a trouvé la même disposition dans beaucoup de Borraginées (ex. *Echium*).

Papilles stigmatiques simples.

Le stigmate le plus simplement construit est celui des Graminées et des Cypéracées (pl. 23, fig. 6). Il est formé par un certain nombre de cellules épidermiques qui revêtent un faisceau fibro-vasculaire axile, *fv*. Dans le *Cyperus alternifolius*, par exemple, les cellules épidermiques s'élèvent à leur moitié inférieure en un crochet contourné dont la pointe est dirigée en bas. Les grains de pollen *g* se prennent dans ces crochets et envoient leur boyau *bp* entre les cellules.

On trouve des papilles semblables sur les bandes stigmatiques du *Grindelia*, de l'*Helianthus*, etc.

Dans d'autres Composées, telles que le *Senecio*, les papilles des bandes stigmatiques affectent une forme semi-lunaire, parce que les extrémités latérales des cellules se sont surélevées, laissant une rainure au milieu.

La forme des papilles stigmatiques est très-diverse. Elles prennent souvent la forme d'une bouteille à col plus ou moins effilé (*Mahonia*, *Spirœa*, etc.) ; d'autres fois la forme en massue (*Syringa*, *Antirrhinum*, etc.), ou bien une forme cylindrique (*Polemonium*, *Salvia*, etc.).

Les papilles de beaucoup de plantes (*Convolvulus*, *Primula*, *Scilla*, *Trachystemon*, etc.) ont une forme capitée, c'est-à-dire que, s'élevant d'une large cellule épidermique, elles semblent étranglées en leur milieu et se terminent par une large tête.

(1) *Loc. cit.*, p. 30.

Cette disposition est particulièrement favorable à la rétention des grains de pollen. La paroi des papilles du *Trachystemon* est plissée deux fois au sommet, ce qui leur donne l'aspect d'une couronne. Dans les papilles du *Convolvulus* on trouve des grains d'amidon disposés régulièrement le long de la paroi. L'angle formé par deux parois est occupé par un grain plus gros (pl. 23, fig. 20, *a*).

Les papilles stigmatiques du *Brunfelsia* sont pointues, à parois très-épaisses et noyées dans une huile très-abondante (1).

Le stigmate du *Polygala grandiflora* tapisse les parois d'une espèce de bourse appendiculée dont les parois externes sont revêtues des papilles de l'appareil collecteur, et dont les parois internes portent des papilles stigmatiques minces et remplies d'un plasma granuleux.

L'appareil stigmatique du *Grevillea* (pl. 23, fig. 7) a la forme d'un disque bilobé couvert d'huile, fendu longitudinalement par l'ouverture du stigmate et entouré d'un bourrelet *b* formé par le tissu du style. Une coupe transversale du sommet du style a la forme d'un conceptacle de *Fucus* (pl. 23, fig. 8). La fente stigmatique est tapissée de longs poils qui la débordent comme les *paraphyses*, et qui sont portés par un tissu conducteur *tc* à éléments très-petits, remplis de chlorophylle, ainsi que les poils et le parenchyme fondamental adjacent.

Le stigmate de l'*Abelmoschus Rosa sinensis* est recouvert de papilles qui passent aux poils et qui sont remplies abondamment d'une belle matière colorante carmin (2).

Le stigmate du *Philodendron cordatum* est tapissé sur toute

(1) Il va sans dire que les propriétés physiques et chimiques du tissu conducteur, dans l'ovaire, le style et sur le stigmate, changent avec l'âge du pistil. Ce tissu n'aura acquis son plus grand développement que quand l'imprégnation du stigmate doit avoir lieu. C'est à cette époque qu'il présente les caractères que nous mentionnons.

(2) M. F. Wetterhan (*Flowering of the Hazel*, in *Nature*, vol. XI et XII) croit que la coloration rouge du stigmate pourrait être en rapport avec la pollinisation par les insectes. M. Herm. Müller fait remarquer que ceci ne peut pas être le cas pour des plantes anémophiles, mais que plutôt la coloration rouge, comme M. Strasburger l'a montré pour le *Larix* et d'autres Conifères, peut souvent être considérée comme l'effet de phénomènes chimiques de la végétation.

sa surface de longs poils flexibles se colorant légèrement en carmin dans la potasse étendue. Ces poils sont mêlés çà et là de poils volumineux en massue dont le contenu se colore en brun par le même réactif.

Les Renonculacées et les Crucifères ont des poils stigmatiques à parois épaissies.

Les poils stigmatiques des Papilionacées sont aciculaires. Dans ceux du *Stylidium adnatum* (pl. 23, fig. 13), on remarque un assez gros nucléus entouré de granules protoplasmiques et qui contient un ou deux petits nucléoles. Il est relié à la paroi cellulaire par de longs fils protoplasmiques *a*. Les parois des poils sont recouvertes d'une huile sécrétée en gouttelettes *h*, et le contenu clair des poils renferme des grains de chlorophylle.

On trouve fréquemment sur les poils stigmatiques une paroi différenciée nettement en plusieurs couches.

Quand, dans le *Lychnis*, on ajoute de la potasse étendue à la préparation, on voit sur toute l'étendue de la paroi, mais principalement à son sommet, une couche externe se gonfler fortement et se différencier d'une couche interne. C'est un phénomène de gélification provoqué par le réactif et qui montre qu'en cela les papilles ne diffèrent pas des autres éléments du tissu conducteur. Les papilles du *Lychnis* sont en outre remplies de grains d'amidon et d'amidon diffus : l'iode, en effet, colore le contenu cellulaire uniformément en violet et y laisse apparaître des grains d'amidon solide.

Les poils stigmatiques du *Glaucium* sont remarquables, non-seulement par la différenciation en trois couches, très-distinctes l'une de l'autre, de leur paroi cellulaire dont la moyenne se gonfle considérablement dans la potasse étendue, mais encore par leur contenu cellulaire. Comme dans les papilles du canal stylaire, en effet, on voit la base très-étroite des papilles obstruée par une huile très-dense et opaque se résolvant en une infinité de petites gouttelettes qui se dispersent dans le contenu clair, granuleux du sommet élargi du poil (pl. 23, fig. 14).

Hugo von Mohl (1) considérait comme rempli de liquide

(1) *Vermischte Schriften : Ueber die Cuticula der Gewächse*, p. 266.

l'espace entre la couche externe de la paroi et la couche interne (*Papaver orientale*). Il est probable que ce liquide n'est autre chose que l'assise moyenne gélifiée de la paroi.

Il semble que dans le *Glaucium* il existe deux sortes de poils qui ont des fonctions différentes. Le boyau pollinique, en effet (pl. 23, fig. 15), s'accole de préférence aux poils qui sont remplis d'un plasma granuleux et peu réfringent, et non aux poils qui contiennent une grande quantité d'huile.

Dans l'*Hypericum perforatum* les parois des poils sont distinctement différenciées en trois couches. Lors de la germination du pollen, la couche moyenne est fortement gonflée, mais seulement sur le sommet du poil, où elle forme une espèce de calotte en étranglant légèrement le lumen du poil (pl. 23, fig. 16). Celui-ci est rempli d'un plasma granuleux et d'une matière colorante rose très-abondante. On peut considérer la couche externe de ces poils comme une cuticule.

M. Behrens (1) a trouvé une disposition analogue dans les papilles-poils du *Lysimachia punctata* et du *Melampyrum arvense*, où la paroi est divisée tangentiellement par une série de couches alternativement plus et moins denses, produisant l'effet d'une striation tangentielle.

M. Hildebrand (dans un dessin communiqué à M. Behrens) a montré que la membrane très-développée des papilles de l'*Hemerocallis fulva* est contournée à gauche, ce qui leur donne l'apparence d'une spirale.

La couche moyenne des papilles des *Philadelphus coronarius* et du *Dichorisandra ovalifolia*, fortement gonflée et gélifiée, se répandrait même, d'après M. Behrens, à l'extérieur sous forme de mucilage, par suite de la rupture circulaire de la couche cuticularisée externe qui couronne la papille comme un chapeau de Champignon en couronne le pied. Ce phénomène serait à rapprocher de celui qu'a observé H. von Mohl sur les papilles du *Papaver orientale* et cité plus haut.

On trouve assez souvent des papilles cloisonnées et des papilles unicellulaires sur le même stigmate (ex. *Papaver hybri-*

(1) *Loc. cit.*, p. 35.

dum). Dans les *Papaver*, il y a des papilles simples dont les unes ont un contenu très-dense, opaque et se colorant en brun par l'iode, tandis que les autres sont remplies d'un protoplasma clair, peu granuleux, et dans lequel on rencontre quelques grains d'amidon avec des plaques de matière colorante rose. Il y a un nucléus et un nucléole arrondis.

Dans une coupe transversale à travers le stigmate, on voit qu'il tapisse une fente étroite qui se prolonge inférieurement entre deux placentas contigüs et qui est obstruée par de longs poils entremêlés de mucilage qu'ils ont sécrété.

Il y a des papilles cloisonnées dans le *Lopezia hirsuta*, le *Forsythia suspensa* (avec granules de chlorophylle), etc. On rencontre des papilles pluricellulaires caractéristiques dans le *Geranium*. Les articles basilaires sont larges et arrondis; les supérieurs sont minces, effilés et remplis d'un plasma granuleux et gras avec nucléus et nucléole (pl. 24, fig. 3).

Dans la potasse étendue, le sommet de la cellule terminale se différencie en deux couches sur une petite étendue, de sorte que la couche externe gonflée couronne le tout comme d'une calotte (pl. 24, fig. 2).

Papilles composées.

Quand elle est formée de plusieurs cellules juxtaposées, une papille est dite *composée*.

Les papilles pluricellulaires simples du *Pittosporum* sont entremêlées de papilles composées, à parois épaisses et à contenu dense et gras. Les papilles pluricellulaires paraissent articulées (pl. 23, fig. 17).

Les papilles composées sont très-développées dans le *Reseda alba*. Elles ont une membrane mince et sèche et un contenu verdâtre, dense et huileux.

Il n'entre qu'une cellule du parenchyme fondamental dans les papilles composées du *Passiflora* (pl. 23, fig. 19).

Les papilles composées du *Corylopsis* forment des bosses qui rendent la surface stigmatique très-inégale.

Enfin certaines Rosacées (*Rubus*, *Sanguisorba*, etc.) ont un stigmate lobé. Les lobes sont des émergences, dont les parois cellulaires sont minces dans un pistil jeune (pl. 23, fig. 10). Mais ces parois se gonflent dans les stigmates mûrs, et, lors de la germination du pollen, elles se résolvent en gelée, et empâtent les cellules qui ont conservé (pl. 23, fig. 11 et 12) une membrane propre et qui sont remplies d'un contenu dense et huileux.

Dissociation des cellules du stigmate.

Dans une coupe longitudinale à travers le style et le stigmate mûrs du *Ribes aureum*, on voit que le tissu conducteur plein se termine brusquement sur le stigmate, sans s'épanouir en éventail sur les bords du parenchyme fondamental.

Tous les éléments du tissu conducteur sur le stigmate se sont dissociés ; sans aucune attache, ils forment des « papilles » particulières très-aptes à retenir le pollen. Les cellules dissociées par suite de la gélification de la paroi mitoyenne ont une forme très-irrégulière, allongée, et le contenu en est dense, opaque, rempli de gouttes d'huile (pl. 23, fig. 22). Tout le tissu est en outre rempli de chlorophylle.

On observe les mêmes faits sur le stigmate du *Solanum glaucophyllum*. Les cellules dissociées sont recouvertes de gouttelettes et de traînées de matière grasse exsudée (pl. 23, fig. 21, *a*). Le stigmate, très-chlorophyllifère, est devenu gluant par suite de cette sécrétion abondante de matière grasse.

Enfin, les Orchidées nous présentent un exemple remarquable de la désagrégation des cellules du stigmate. Le vrai stigmate des Orchidées tapisse les parois d'une cavité plus ou moins irrégulière, située près du sommet du gynostème et sous le point d'attache ou rétinacle des pollinies. Cette cavité, généralement allongée dans le sens transversal, change de forme à des hauteurs différentes. On y rencontre les éléments du tissu conducteur complétement dissociés par la gélification de la couche mitoyenne des parois et empâtés dans une gelée qui peut être épaisse (*Cymbidium aloifolium*) et qui peut être renforcée par un mucilage sécrété (*Epidendron ciliare*). Les cellules dissociées ont des contours très-irréguliers, épineux (restes de leurs points d'attache), et un contenu généralement granuleux. Il existe souvent un plasma pariétal englobant un nucléus et un nucléole, ce qui prouve que ces cellules ne sont point des débris, mais bien des cellules vivantes encore et qui remplissent un rôle physiologique.

Les cellules du stigmate de l'*Ornithidium densum* sont remplies de grains d'amidon; on ne remarque ni nucléus, ni plasma compacte.

Le stigmate du *Cypripedium Rœzlii* forme une expansion trilobée, dont le lobe supérieur est plus étendu et dont les deux inférieurs se terminent en bec. Sur ce stigmate, le tissu conducteur reste quelque peu compacte et porte des papilles composées (pl. 23, fig. 18) qui sont terminées par un long poil pointu, recourbé en crochet et qui s'insère par une large base sur une couronne de cellules du tissu sous-jacent. Le contenu de ce poil est dense et granuleux. Par l'iode son plasma se colore en brun et le suc cellulaire en bleu, décelant ainsi la présence d'amidon diffus.

M. Hildebrand (1) a vu des papilles pareilles sur le stigmate du *Cistus creticus*.

M. Reinke (2) dit que la surface du stigmate est dépourvue d'épiderme continu, quoique les cellules supérieures soient morphologiquement équivalentes à un épiderme. M. Behrens n'admet pas cette manière de voir, sans lui en substituer une autre.

Quand on poursuit le développement du tissu conducteur, on voit que dans le bouton jeune, la surface stigmatique est toujours continue et caractérisée par un épiderme. Plus tard les papilles se développent sans que l'épiderme perde ses caractères : car la présence des poils est même, dans certains cas, comme sur les racines, le seul caractère qui distingue les éléments de l'épiderme de ceux du parenchyme fondamental.

(1) Behrens, *loc. cit.*, p. 36.

(2) Reinke, *Bau der Narbe* (*Götting. Nachr.*, 1874, et *Just. Jahresb.*, 1874).

Ensuite, beaucoup de plantes ont un stigmate sec et dépourvu de papilles, recouvert par un épiderme non interrompu ; on trouve tous les passages de cette disposition à cette autre où les cellules du tissu conducteur, et par conséquent celles de l'épiderme aussi, sont dissociées.

Les stigmates sont donc toujours pourvus d'un épiderme, mais cet épiderme peut devenir incohérent, comme les éléments de la coiffe des racines dans un but physiologique.

b. Appareil collecteur.

Nous désignons sous le nom d'*appareil collecteur du pollen*, toutes les parties du sommet du style n'appartenant pas au vrai stigmate, et destinées à aider plus ou moins parfaitement la pollinisation ou l'imprégnation du stigmate. Sous cette dénomination se trouveront donc réunis des organes très-divers, tels que les poils collecteurs, l'indusium, le plateau stigmatique, le disque stigmatique des Papavéracées, etc.

Cette distinction entre le vrai stigmate et l'appareil collecteur doit être faite aussi bien au point de vue physiologique qu'au point de vue morphologique.

Quand les deux appareils coexistent, les papilles de l'un peuvent agir physiologiquement d'une manière différente de celles de l'autre (1).

Le rôle de l'appareil collecteur est surtout rendu intelligible par l'étude de la morphologie florale et de l'adaptation des différents organes aux agents de la pollinisation.

Poils collecteurs. — On rencontre les poils collecteurs typiques dans la famille des Composées, où leur présence et leur disposition ont donné des caractères importants de classification (2). Les poils collecteurs se trouvent encore très-développés sur le style des Campanulacées.

Prenons le *Prismatocarpus* par exemple. Les poils collecteurs

(1) Les poils collecteurs sécrètent quelquefois du mucilage à leur base, comme dans le *Tulipa*. (Voy. Reinke, *loc. cit.*)

(2) Cassini, *Composées ou Synanthérées* (*Dict. sc. nat.*, 1818, vol. X, p. 131), et C. Bentham, *On Compositæ*, dans *Journ. of Linn. Society*, 1873, vol. XIII, p. 349.

revêtent toute la face dorsale des trois lobes du style. Dans un pistil très-jeune, ces poils sont formés par une cellule épidermique (pl. 23, fig. 1) qui a pris un développement prédominant et autour de laquelle les cellules environnantes se rangent en couronne. Quand le poil est complétement développé, il est devenu très-long, et, dans cet état, on remarque souvent dans son intérieur une rotation du plasma très-active et très-nette (pl. 23, fig. 3). Le protoplasma est granuleux et entrecoupé de grandes vacuoles. Dans d'autres poils, le plasma est agité d'un mouvement brownien très-fort. Peu à peu, et environ au milieu de la hauteur du poil, la paroi de celui-ci s'affaisse, la moitié supérieure du poil tombe et rentre comme un doigt de gant dans la moitié inférieure (pl. 24, fig. 1). Ceci est probablement l'effet d'une gélification locale: quand on met en effet une préparation dans de la potasse étendue, on remarque que la paroi du poil non affaissé se différencie en trois couches, dont la moyenne se gonfle considérablement, et qu'elle se gonfle le plus à l'endroit où l'affaissement doit se produire.

En rentrant dans la moitié inférieure, les poils entraînent souvent des grains de pollen (pl. 23, fig. 2, *g*), comme l'avaient observé M. Hartig et d'autres. Cependant les grains de pollen ne sauraient, de cet endroit, étendre leurs boyaux polliniques dans le canal stylaire, parce que la nature des tissus qui composent le lobe stigmatique ne le permet pas. Une coupe transversale à ce niveau montre en effet que les poils collecteurs sont suivis intérieurement d'une zone de parenchyme fondamental à méats intercellulaires remplis d'air, ensuite d'une zone fibro-vasculaire avec vaisseaux et trachées, d'une nouvelle zone du même parenchyme fondamental, et enfin de cinq ou six assises de cellules du tissu conducteur disposées nettement en séries cambiales et rappelant ainsi leur origine (1).

L'extrémité du style se dilate souvent en une expansion plus ou moins développée, à laquelle R. Brown a donné le nom

(1) Ad. Brongniart (*Note sur les poils collecteurs des Campanules, etc.*, in *Ann. sc. nat.*, 1839, t. XII, p. 244) avait déjà réfuté cette théorie admise autrefois par Link et Treviranus.

d'*indusium*. L'indusium est typiquement représenté dans les Goodéniacées, où elle forme une espèce de godet au fond duquel s'épanouit le tissu conducteur. Ce n'est par conséquent qu'une dépendance du tissu du style telle qu'on la rencontre dans beaucoup d'autres plantes, quoique moins développée.

L'indusium des Goodéniacées n'a aucun rapport avec les poils collecteurs des Composées ou des Campanulacées, disposés parfois circulairement (1).

Chez les Fumariacées, les Protéacées, les Asclépiadées, etc., on trouve un « plateau stigmatique », c'est-à-dire une expansion du sommet du style déterminée sans doute souvent par insuffisance de développement faute de place, d'autres fois par adaptation aux agents pollinisateurs.

La présence ou l'absence d'un plateau stigmatique n'est pas un caractère de famille constant, puisque, par exemple, dans les Fumariacées, ce plateau existe dans le *Fumaria*, tandis qu'il manque tout à fait dans l'*Hypecoum*. Dans le *Fumaria*, le plateau stigmatique est formé par une saillie brusque du style, formée d'un tissu ferme et clair qui s'élève sur la fente du stigmate en deux cornes, dont les bords internes sont occupés par le vrai stigmate rempli de chlorophylle.

L'appareil collecteur peut être moins compliqué et ne consister qu'en de simples papilles qui tapissent les abords du vrai stigmate ou les parois du sommet du style.

Dans le *Polygala*, par exemple, il existe trois espèces de papilles vers le sommet du style : 1° les papilles stigmatiques; 2° des papilles à parois plus épaisses et à sommet arrondi, garnissant le rebord du stigmate; et 3° des papilles très-fortes, pointues et à parois très-épaissies; elles occupent les parois externes du sommet du style.

Dans le *Brunfelsia*, on trouve sur la face externe des lobes stigmatiques des papilles relevant de l'épiderme du style, et qui ont leurs parois fortement cuticularisées. La cuticule est en outre plissée dans tous les sens.

(1) Voy. C. Bentham, *Gen. pl.*, II, p. 536, et *Just. Jahresb.*, 1876.

*Stigmate des Ehrétiacées, de l'*Apocynum, *du.* Vinca, *de l'*Asclepias, *etc.* — Le stigmate des Ehrétiacées n'est pas construit d'après le type ordinaire. Celui du *Vinca*, de l'*Apocynum* et de quelques autres présente avec le stigmate des Ehrétiacées plusieurs points de ressemblance.

L'ovaire de l'*Heliotropium* et du *Tournefortia*, composé de deux carpelles, donne naissance à un style gynobasique, long dans l'*Heliotropium*, très-réduit dans le *Tournefortia* (pl. 24, fig. 16) et qui porte à son sommet un renflement volumineux.

Quand on fait une coupe transversale à travers le style, on voit qu'il se compose d'un parenchyme fondamental à méats intercellulaires, recouvert d'un épiderme et entourant un cylindre de tissu conducteur plein, longé de deux faisceaux fibro-vasculaires. Dans une coupe longitudinale à travers le pistil (pl. 24, fig. 10, 11 et 16), on voit que le cylindre de tissu conducteur monte environ jusqu'à la moitié de la hauteur du renflement terminal, puis se divise et redescend pour aboutir au bord inférieur saillant et circulaire du renflement stylaire terminal.

Par des coupes transversales successives à travers le renflement terminal (pl. 24, fig. 6, 7, 8, 9), on apprend qu'avant d'atteindre son point culminant, le tissu conducteur s'est déjà divisé en deux branches; puis qu'en redescendant chacune de ces moitiés, le cylindre se divise en deux branches, de sorte que dans une coupe transversale à un certain niveau (pl. 24, fig. 7, *b*), on remarque six faisceaux du tissu conducteur, dont les deux internes sont descendants, les quatre externes ascendants en suivant la direction que prend le boyau pollinique. Arrivés à la périphérie du renflement et à son bord inférieur, les quatre faisceaux se confondent, de sorte qu'en cet endroit (fig. 9, *d*) et un peu au-dessus du stigmate, une coupe transversale montre, en allant au centre, d'abord un épiderme suivi d'une mince zone de parenchyme fondamental, puis une zone concentrique de tissu conducteur ascendant, puis une seconde zone de parenchyme fondamental, et enfin le cylindre central du tissu conducteur descendant, qui se divise un peu plus haut. Ainsi le vrai stigmate est circulaire et forme le bord inférieur du renflement terminal (pl. 24, fig. 17, *st*) (1).

Ce renflement se termine supérieurement en deux lobes qui forment une cavité pseudo-stigmatique se prolongeant un peu dans l'intérieur du renflement entre les branches du tissu conducteur divergent. Toute la surface des lobes est tapissée de papilles peu élevées, à parois épaisses, recouvertes d'une forte cuticule plissée [inégalement épaissie (?)], et qui se continuent en diminuant progressivement dans le court canal stylaire. Je n'ai, dans aucune préparation, vu germer le pollen sur ce pseudo-stigmate terminal, mais bien sur le stigmate circulaire formé par le tissu conducteur. Ce dernier est tapissé sur toute son étendue de papilles très-ténues, aciculaires, qui sécrètent une matière grasse et gluante qui concourt à retenir le pollen (pl. 24, fig. 13). Ces papilles, qui sont très-serrées, proviennent d'un épithélium jeune prismatique (pl. 24, fig. 12).

La disposition des tissus est à peu près la même dans le *Tournefortia heliotropioides*; le style est très-réduit, et la surface du renflement terminal, l'équivalent du plateau stigmatique du *Fumaria*, du *Manglesia*, etc., est tapissée de longs poils pourvus d'une cuticule très-épaisse s'élevant en protubérances (pl. 24, fig. 16).

L'ovaire à deux carpelles de l'*Apocynum venetum* se termine supérieurement par un style qui s'articule faiblement sur le sommet de l'ovaire, et qui forme un plateau stigmatique sur lequel s'appuient les anthères (pl. 24, fig. 18).

Le style est terminé par deux lobes rapprochés coniques.

Dans une coupe longitudinale à travers le style et le sommet de l'ovaire, on voit que le canal stylaire existe à la base du style et qu'il disparaît au niveau du milieu de celui-ci, par suite de l'accolement des bords opposés. Là où s'appuient les anthères, l'épiderme du style a formé des papilles (pl. 24, fig. 19, *p*) assez longues, restant accolées; d'où il résulte un épithélium prismatique, qui se prolonge supérieurement jusque sur le

(1) Voy. Bentham et Hooker, *Gen. pl.*, II, 2, *Asperifoliceæ*, trib. III, p. 834. — *Heliotropeæ* : « Stylus... sæpeque 2-fidus, annulo lato, stigmatoso instructus. »

sommet des lobes du style et se perd peu à peu vers sa base. Les cellules papilleuses de cet épiderme sont gorgées d'un liquide huileux, dense, très-réfringent, et qui est excrété probablement pour retenir le pollen. Dans une coupe longitudinale, on voit que le parenchyme fondamental se porte en éventail sur les papilles, comme vers un stigmate vrai ; je n'ai cependant pas pu voir germer le pollen en cet endroit. Le parenchyme fondamental est parcouru par deux faisceaux fibro-vasculaires, qui vont aboutir à la seconde couche sous-épidermique des lobes terminaux du style, où ils sont représentés par les trachéides.

Sur les lobes du style et dans la cavité stigmatique, il existe un épiderme normal. La surface de ce stigmate est sèche et le contenu de l'épiderme est clair. Plus bas l'épiderme est accolé, et au niveau des papilles du plateau stigmatique il forme, dans une coupe longitudinale, un tissu à éléments clairs, sans méats, allongés dans le sens de l'axe, et, dans une coupe transversale, une bande de tissu à éléments très-petits, séparant les deux régions fasciculaires du style.

Le pistil du *Vinca minor* offre des analogies de structure avec le pistil de l'*Heliotropium*. L'ovaire bimère forme un style simple dont le tissu conducteur est plein à la base. Le sommet du style se dilate pour former un plateau stigmatique, à bord proéminent, épais, sur lequel viennent se terminer cinq branches stigmatiques, plumeuses, décurrentes, qui bordent cinq logettes dans lesquelles se placent les anthères des cinq étamines. Dans une coupe longitudinale à travers le style et le plateau stigmatique, on remarque que le tissu conducteur, très-caractérisé à la base du style, perd plus haut ses caractères distinctifs, et qu'à la hauteur du rebord du plateau stigmatique il ne diffère en rien du parenchyme fondamental. Plus haut, de plein qu'il était, il devient fermé, puis se sépare pour former un court canal stylaire, qui va déboucher dans la cavité stigmatique. Le rebord du plateau stigmatique est couvert de longues papilles aciculaires remplies d'un liquide épais, granuleux et sécrétant une huile dense, qui s'attache aux parois des papilles et rend la surface du bord gluante (pl. 24, fig. 14 et 15, *a*).

Les faisceaux fibro-vasculaires du style s'étendent très-loin dans le sommet du style. On trouve des trachéides dans la première couche sous-épidermique du sommet, et, dans une coupe transversale à travers le bord du plateau, on voit que même certaines cellules épidermiques se sont transformées en trachéides (pl. 24, fig. 4, *e*).

Les cinq lobes stigmatiques sont couverts sur toute leur étendue de longs poils secs, peu flexibles, de deux espèces. Les uns ont une paroi fortement cuticularisée; la cuticule ne revêt pas uniformément tout le poil : les endroits non cuticularisés forment une spirale dextrorse. Les autres, qui sont cuticularisés de la même manière, se sont contournés pour ainsi dire sur eux-mêmes, et forment des étranglements équidistants. Ils sont ainsi composés d'un chapelet de nodosités, dont la dernière est généralement flétrie.

Enfin le stigmate et le plateau stigmatique de l'*Asclepias* offrent une certaine ressemblance avec le style et le stigmate précédemment décrits (1).

Les analogies de structure et de propriétés des différents tissus du sommet du style entre les *Heliotropium*, *Vinca*, *Apocynum*, etc., sont remarquables. J'ai pu reconnaître le rôle du vrai stigmate de l'*Heliotropium*: je n'ai pas réussi à déterminer directement le vrai tissu conducteur et le vrai stigmate des autres par le seul moyen sûr, c'est-à-dire l'observation du trajet du boyau pollinique; mais les analogies de structure que présentent les pistils de ces plantes entre eux m'ont au moins autorisé à ne parler de leur stigmate que dans un paragraphe séparé.

CHAPITRE V.

CONSIDÉRATIONS PHYSIOLOGIQUES SUR LE TISSU CONDUCTEUR DU STIGMATE.

Après avoir examiné les différences anatomiques que l'on rencontre dans le stigmate de plantes très-différentes, il nous

(1) R. Brown a décrit l'imprégnation du pollen dans les Asclépiadées (*On the sexual Organs and impregn. in Orchid. and Asclepiad.*, London. Oct. 1831).

faut envisager le rôle physiologique que le tissu qui le compose remplit vis-à-vis du boyau pollinique et du grain de pollen qu'il est destiné à retenir.

M. Van Tieghem (1) a démontré que l'apport du pollen sur le stigmate est un ensemencement, et que le tube pollinique est une plantule qui respire, se nourrit et se développe.

La germination a lieu parce que le grain de pollen trouve à la fois l'humidité, l'air et la chaleur nécessaires pour la formation du boyau. Il y a des stigmates secs et des stigmates humides. Le tube pollinique s'introduit dans le tissu conducteur parce qu'il y trouve une humidité plus grande que dans les endroits environnants, une observation qui explique le phénomène de la « coulure » des plantes. Or, par suite de sécrétion de mucilage par les cellules du tissu conducteur du stigmate, ou par suite de la gélification des parois mêmes de ces cellules, l'humidité du stigmate devient considérable, tout en servant à retenir mécaniquement les grains de pollen. Ce fait est mis en évidence surtout par certains exemples d'hétéromorphisme où l'on remarque tantôt des stigmates secs, tantôt humides, suivant le mode d'imprégnation du stigmate et les agents qui l'effectuent. C'est ainsi que M. Asa Gray (2) a trouvé dans l'*Epigœa*: 1° des stigmates humides sur des styles non enfermés; 2° des stigmates humides et des styles enfermés (peu de fleurs présentent cette disposition); 3° des stigmates secs sur des styles très-longs; 4° des stigmates secs et des styles courts. Cette dernière disposition est rare. M. Asa Gray conclut que ces plantes montrent une tendance au diœcisme.

Les propriétés du vrai stigmate sont souvent différentes de celles du tissu conducteur dans le style. Ainsi les cellules du stigmate sont parfois bondées de chlorophylle (*Cestrum*, *Ribes*, etc.), tandis qu'on n'en trouve point ou peu dans les cellules du tissu conducteur du style.

(1) Voy. Van Tieghem, *Ann. sc. nat.*, 5e série, t. XII, *loc. cit.*

(2) Asa Gray, *Just Jahresber.*, et *Americ. Journ. of. Sc. and Art*, July 1876: *Heteromorphism in Epigœa*.

La chlorophylle se trouve ordinairement amassée en grande quantité dans les éléments du stigmate ou dans ceux des tissus environnants. Il doit y avoir par conséquent une décomposition d'acide carbonique très-intense et une élimination d'oxygène relativement abondante. Ce processus est accompagné d'un dégagement de chaleur utilisée à favoriser la germination du grain de pollen. On trouve ce dernier généralement germant à une certaine distance de la surface du stigmate porté par le boyau pollinique, ou bien à la partie supérieure des papilles.

Je n'ai jamais pu constater la présence de Bactéries sur un stigmate. M. Van Tieghem a démontré du reste que le liquide sécrété par les papilles stigmatiques stylaires et ovariennes est franchement acide. Il considère ce fait comme une des raisons qui expliquent pourquoi les « Infusoires n'envahissent pas le » pistil en empruntant la voie et les éléments destinés au boyau » pollinique ».

La composition du liquide stigmatique excrété ou non est d'ailleurs différente pour les divers grains de pollen.

Le boyau pollinique se nourrit des matières formées par les éléments du tissu conducteur.

On rencontre très-souvent des quantités d'amidon considérables dans le tissu conducteur du stigmate et du style. On sait que la formation de l'amidon est liée à la présence de la chlorophylle. Or, la chlorophylle se trouve, dans la plupart des pistils, dans le stigmate même, et si ce n'est dans celui-ci, du moins dans le parenchyme environnant.

La chlorophylle en fortes quantités est accompagnée ordinairement de quantités considérables de matières grasses, d'huile, etc. Abondantes sur certains stigmates, elles peuvent servir à enduire la surface du stigmate d'une matière apte à retenir le grain de pollen, et ensuite elles tiennent lieu d'aliment indirect au boyau pollinique. Hofmeister (1) dit en effet que là où des matières grasses (huiles) sont déposées comme aliment

(1) W. Hofmeister, *Die Lehre von der Pflanzenzelle*, 1867, p. 380.

de réserve, il se forme pendant leur utilisation de l'amidon en quantités plus ou moins considérables (1).

Le stigmate n'étant que l'expansion extérieure du tissu conducteur, il s'ensuit que sa surface est d'autant plus étendue que le volume du tissu conducteur est plus considérable. Les considérations relatives aux rapports qui existent entre le nombre des boyaux polliniques et le volume du tissu conducteur dans le style s'appliquent également au stigmate. On peut poser en principe que l'étendue de la surface stigmatique est en rapport avec le volume du tissu conducteur. Les pistils qui produisent un grand nombre d'ovules sont pourvus d'une surface stigmatique plus ou moins étendue, permettant à un grand nombre de grains de pollen de germer simultanément.

L'étendue de la surface stigmatique règle directement et indirectement, mécaniquement et physiologiquement, le nombre des grains de pollen qui doivent féconder les ovules.

RÉSUMÉ.

Les conclusions principales auxquelles nous ont mené les recherches dont nous venons d'exposer les résultats peuvent se résumer dans les propositions suivantes :

1° Le tissu conducteur peut se constituer par adaptation de certaines cellules, soit de l'épiderme seul, soit de l'épiderme et du tissu fondamental, ou bien être un tissu de création nouvelle, un métablastème résultant :

a. De la division tangentielle de l'épiderme;

b. De cellules du périblème.

2° L'origine du tissu conducteur est double pour chaque carpelle.

(1) M. Borodine (*Ueber die Wirkung des Lichts auf die Entwickelung von* Vaucheria sessilis, in *Botan. Zeitung*, 1878, n°s 32-35) a trouvé que dans le *Vaucheria* l'huile peut être un produit direct de l'assimilation de la chlorophylle, comme on l'avait cru, puis contesté pour le *Strelitzia*. L'huile peut donc, dans certains cas, remplacer physiologiquement l'amidon.

3° Le tissu conducteur peut tapisser un canal stylaire ou se constituer en tissu conducteur plein.

4° Le tissu conducteur plein se forme par la soudure des bords opposés du canal primitif.

5° Le tissu conducteur plein devient apte à conduire le boyau pollinique par suite de la gélification des parois mitoyennes de ses éléments.

6° Le canal stylaire peut être simple ou divisé.

7° Le stigmate vrai est formé exclusivement par le tissu conducteur, soit d'adaptation, soit de formation nouvelle.

8° Le volume du tissu conducteur est en rapport avec le nombre des ovules à féconder, parce qu'il est en rapport avec le nombre des boyaux polliniques qui descendent dans l'ovaire pour féconder ces ovules.

9° L'étendue de la surface stigmatique est déterminée par le volume du tissu conducteur.

10° Le stigmate détermine donc en dernier lieu le nombre des grains de pollen qui peuvent germer et le nombre des ovules qui peuvent être fécondés.

EXPLICATION DES PLANCHES.

Dans toutes les figures, *tc* signifie tissu conducteur; *pf*, parenchyme fondamental; *fv*, faisceau fibro-vasculaire; *cs*, canal stylaire; *st*, stigmate; *bp*, boyau pollinique. Toutes les figures des détails anatomiques sont dessinées à un grossissement de 300 et à la chambre claire; les autres sont dessinées à main levée.

PLANCHE 18.

Formation du tissu conducteur.

Fig. 1. Placenta d'une fleur près de s'épanouir du *Glaucium fulvum* en coupe transversale. — *a*, épiderme conducteur.

Fig. 2 et 3. Coupe transversale à travers le placenta du *Solanum glaucophyllum.*—La fig. 2 au niveau du milieu de l'ovaire, la fig. 3 au niveau de la base du style.

Fig. 4. Coupe à travers le sommet de l'ovaire de l'*Helleborus.* — Le tissu conducteur est représenté par deux assises de cellules *a* et *b*.

Fig. 5. Coupe à travers le style du *Fumaria major.* — Le canal stylaire est rempli d'un mucilage granuleux, peu épais et tapissé par un tissu conducteur épidermique contre lequel s'appuient les tubes polliniques.

Fig. 6. Tissu conducteur sur les bords carpellaires du *Rubus odoratus* au niveau du sommet de l'ovaire. — x et y sont les deux centres de formation opposés. Le parenchyme fondamental a est rempli de cristaux cohérents d'oxalate de chaux.

Fig. 7. Coupe transversale par la base du style d'un pistil très-jeune du *Salvia scabiosæfolia.* — La ligne *ab* indique la fente étroite qui existe entre les deux bords opposés avant que le tissu devienne plein.

Fig. 8. Tampon conducteur de nature parenchymateuse qui se trouve à la base du canal stylaire des Borraginées et des Labiées. Son épiderme porte les divisions tangentielles comme celui du tissu conducteur dans le style (*Trachystemon orientale*).

Fig. 9 et 10. Formation du tissu conducteur dans le style du *Trachystemon orientale.* — La ligne *ab* est schématique. Elle indique la séparation des cellules mères du tissu avec le parenchyme fondamental sous-jacent. Dans la fig. 10, cette ligne sépare également les éléments du tissu conducteur *tc* de ceux du procambium *fv.*

Fig. 11. Formation du tissu conducteur par division tangentielle des cellules de la première assise sous-épidermique sur les bords de la cloison ovarienne du *Lychnis dioica.*

Fig. 12 et 13. Formation des bandelettes de l'ovaire du *Grindelia* par division *ab* des cellules de l'épiderme.

Fig. 14. Coupe transversale par la base du style du *Salvia scabiosæfolia* après la formation du tissu conducteur plein par accolement des bords opposés. — La ligne *ab* est schématique et indique les bords accolés. En comparant cette figure à la figure 7, on voit qu'elle peut être déterminée aisément par l'alternance des files ou séries cambiales 1, 2, 3, etc., et 1', 2', 3', qui témoignent clairement de l'origine de ce tissu.

Fig. 15 et 15 *a*. Formation du tissu conducteur sur les bords carpellaires du *Ribes aureum.* — *a', b'', c'''*, divisions successives de la cellule mère sous-épidermique ; *fa*, tissu d'accolement résultant de la soudure des bords carpellaires opposés.

Fig. 16. Formation du tissu conducteur sur les bords carpellaires dans l'ovaire du *Saxifraga ligulata.*

Fig. 17. Formation du tissu conducteur près du placenta dans l'ovaire du *Fernandezia acuta.* — *pl*, placenta ; *tc', tc'''*, divisions d'ordre différent.

Fig. 18. Naissance du tissu conducteur dans l'ovaire du *Phajus grandifolius.*

PLANCHE 19.

Tissu conducteur dans l'ovaire.

Fig. 1. Formation du tissu conducteur plein de l'*Heliotropium grandiflorum* à la base du style. — *po*, paroi opposée où les divisions tangentielles sont très-régulières. Coupe transversale.

Fig. 2. Coupe transversale à travers la cloison ovarienne du *Lychnis dioica*. — *pl*, placenta formé par les bords carpellaires ; *yx*, centres de formation du tissu conducteur ; *h*, traînée de parenchyme fondamental persistant; *ab*, ligne au delà de laquelle la paroi se détruira ; *oc*, cristaux cohérents d'oxalate de chaux.

Fig. 3 et 4. Coupe à travers l'ovaire du *Pittosporum sinense*, pour montrer le placenta papilleux *p*, et ses rapports avec la position des ovules *ov*.

Fig. 5. Tissu conducteur ou bandelette de l'ovaire du *Senecio populifolia* complétement développé.

Fig. 6. Tissu conducteur du placenta du *Verbascum vernale* en coupe transversale. — La paroi *a* est gonflée et le parenchyme est rempli de grains d'amidon *am*.

Fig. 7 et 8. Coupes transversale et longitudinale de l'ovaire de l'*Euphorbia Myrsinites*. — La coupe transversale de la fig. 7 est menée au-dessus de l'insertion des funicules. Elle passe en *tc* par le coussinet micropylaire *cm* de la fig. 8, où les cellules disposées en séries cambiales témoignent de l'origine de ce tissu conducteur. Les poils du coussinet micropylaire *cm* atteignent le sommet du nucelle *n*.

Fig. 9 et 10. Bandelettes de l'ovaire du *Grindelia* complétement développées : 9, dans la potasse étendue ; 10, dans l'eau.

Fig. 11. Écusson *éc* formé par du tissu conducteur à la base du funicule *f* dans l'ovaire du *Dracæna elegans*.

Fig. 12. Manchon funiculaire *a* dans le *Stylidium adnatum*.

Fig. 13. Coupe transversale à travers l'ovaire de l'*Abelmoschus Rosa sinensis*. Le tissu conducteur *tc* forme une étoile à cinq branches terminées par deux pinceaux de papilles *a*, représentées par la figure 14. Plus bas, le centre de cet axe est occupé (fig. 15) par du parenchyme fondamental *pf*, et le tissu conducteur s'est retiré dans les angles *ct*, près des funicules *f*; *cl*, cloisons ovariennes.

Fig. 16. Poils conducteurs de l'ovaire du *Philodendron cordatum*.

PLANCHE 20.

Tissu conducteur dans le style.

Fig. 1. Coupe transversale à travers le style de l'*Azalea*, sous le stigmate. — *a* fente du canal stylaire ; *b*, épiderme conducteur.

Fig. 2. Coupe transversale de l'ovaire de l'*Ornithidium densum*. — *a*, poils des parois ventrales du carpelle ; *ov*, ovules. Le tissu conducteur est localisé près du placenta.

Fig. 3. Coupe transversale à travers le style du *Philodendron cordatum*. — *a*, canaux stylaires se rendant aux loges de l'ovaire. Le parenchyme fondamental est chargé d'oxalate de chaux.

Fig. 4. Cloison ovarienne de l'ovaire du *Cheiranthus Cheiri* en coupe transversale. — *a*, échancrure suivant la ligne d'accolement ; *b*, tissu spongieux.

Fig. 5. Tissu conducteur du *Cestrum roseum* en coupe longitudinale. — Les éléments sont entremêlés de grosses gouttelettes d'huile sécrétée.

Fig. 6. Coupe longitudinale par l'ovaire jeune et la base du style d'une Borraginée pour montrer les rapports du canal stylaire avec le tampon conducteur *tc*.

Fig. 7. Coupe transversale à travers l'ovaire du *Cheiranthus Cheiri.*

Fig. 8. Papilles composées *pc*, dans le canal stylaire *cs* du *Reseda alba.*

Fig. 9. Coupe transversale du style du *Deherainia smaragdina*. — Le canal stylaire est rempli d'un mucilage épais *a*, dans lequel cheminent les tubes polljniques *bp*.

Fig. 10. Éléments du tissu conducteur du *Trachystemon* en coupe longitudinale.

Fig. 11. Éléments du tissu conducteur de l'*Azalea* en coupe longitudinale.

Fig. 12. Coupe transversale du sommet de l'ovaire du *Dracæna elegans.* — Le canal stylaire, simple plus haut, est ici trifurqué, et dans chaque branche *cs* on trouve des papilles *p* représentées par la figure 14. *a*, fente produite par insuffisance d'accolement des carpelles.

Fig. 13 et 13 *a*. États successifs des éléments du tissu conducteur plein de l'*Hypericum perforatum.*

Fig. 14. Papilles conductrices *p* d'une des branches *cs* du canal stylaire du *Dracæna elegans.*

PLANCHE 21.

Formation du tissu conducteur plein.

Fig. 1, 3, 4 et 7. Tissu conducteur du *Buddleia globosa.* — Fig. 3. Coupe transversale à travers l'ovaire pour montrer le tissu conducteur tapissant les deux faces du placenta opposées. — Fig. 1. Formation du tissu conducteur plein. Les deux faces opposées se sont accolées suivant la ligne *ab*, nettement accusée. — Fig. 7. Coupe transversale à travers le milieu du style. La partie *a* est représentée sous un grossissement de $\frac{300}{1}$ par la figure 4. Les éléments du tissu conducteur *tc* ne se distinguent de ceux du parenchyme fondamental *pf* que par leurs dimensions moins grandes.

Fig. 2. Un des canaux stylaires du *Philodendron cordatum.* — *a*, cellules du tissu conducteur remplies d'un contenu dense et opaque ; *b*, canal.

Fig. 5 et 6. Formation du tissu conducteur plein du *Grevillea.* — Fig. 5. Les parois opposées ne sont pas encore soudées : *a*, paroi ventrale de l'ovaire dans laquelle on remarque des divisions tangentielles nombreuses ; *b*, cavité ovarienne très-rétrécie. — Fig. 6. Les parois se sont soudées et le tissu conducteur *tc* forme un cylindre plein.

Fig. 8 et 9. Tissu conducteur du *Cheiranthus.* — Fig. 8. Échancrure produite par la soudure des deux moitiés de la cloison ovarienne. — Fig. 9. Commencement du décollement du tissu conducteur plein dans le voisinage du stigmate par l'agrandissement progressif des cellules centrales *a*.

Fig. 10. Tissu conducteur plein du style du *Manglesia cuneata.*

Fig. 11. Coupe transversale du style du *Grindelia.*

Fig. 12. Tissu conducteur plein de l'*Helianthus petiolaris* au sommet de l'ovaire, en coupe transversale.

Fig. 13. Coupe transversale du style développé du *Salvia scabiosæfolia*. — Les éléments du tissu conducteur sont disposés en files radiales *a* indiquant leur origine. Au centre, les parois mitoyennes *b* se sont gélifiées et empâtent les cellules *c* pourvues d'une membrane propre.

Fig. 14. Coupe transversale du tissu conducteur plein à parois peu gélifiées du *Jasminum nudiflorum*.

PLANCHE 22.

Dissociation du tissu conducteur dans le style.

Fig. 1. Éléments du tissu conducteur de l'*Epidendron* en coupe longitudinale.

Fig. 2, 3 et 4. Coupe transversale du tissu conducteur du style de l'*Epidendron ciliare* à différents états de développement. — Les méats intercellulaires *a* (fig. 3), s'élargissent de plus en plus.

Fig. 5. Coupe transversale du tissu conducteur qui remplit le canal stylaire du *Phajus grandifolius*.—Les cellules sont dissociées et ne se tiennent que par de petits isthmes *a* de la paroi amincie. Le canal stylaire est rempli d'un léger mucilage *m*.

Fig. 6. Coupe transversale du style du *Medinilla speciosa* pour montrer la dissociation des cellules *a*.

Fig. 7. Limite du tissu conducteur plein du *Geranium macrorhizon*.—Par suite de l'augmentation du volume du cylindre conducteur, la gaîne *a*, composée de plusieurs assises, s'est aplatie considérablement. *c*, éléments du tissu conducteur.

Fig. 8. Éléments dissociés du tissu conducteur dans le canal stylaire du *Begonia incarnata*.

Fig. 9. Boyau pollinique cheminant à l'intérieur de la gelée produite par les parois mitoyennes des cellules du tissu conducteur *a* vu en coupe transversale. — Le boyau est gorgé d'amidon.

Fig. 10. Tissu conducteur dans le style du *Sophronitis*. — La cuticule *a* s'est détachée sur une certaine longueur et a rencontré celle de la paroi opposée, également détachée.

PLANCHE 23.

Papilles stigmatiques.

Fig. 1, 2 et 3. Poils collecteurs du style du *Prismatocarpus perfoliatus*. —1. Poil jeune. — 2. Poil *p* rentré, ayant entraîné deux grains de pollen *g*. — 3. Poil complétement développé, dans lequel on remarque une rotation du protoplasma très-vive dans le sens des flèches.

Fig. 4. Éléments du tissu conducteur de l'*Hypericum perforatum* en coupe longitudinale.

Fig. 5. Tissu conducteur sur le stigmate du *Gesneria elongata*. —Les cellules sont empâtées dans une gelée compacte *a*.

Fig. 6. Stigmate du *Cyperus*. — *cr*, papille en crochet; le grain de pollen *g* a germé et émis son boyau pollinique *bp*, qui s'insinue entre les cellules.

Fig. 7. Sommet du style du *Grevillea* vu de face. — *p*, plateau stigmatique enduit d'humidité et couvert de pollen ; *b'*, bourrelet stylaire.

Fig. 8. Coupe à travers le sommet du style de la même plante suivant la ligne *ab* de la figure 7. — *g*, grain de pollen avec son tube pollinique.

Fig. 9. Réseau cellulaire polygonal de la surface stigmatique de l'*Euphorbia*.

Fig. 10, 11 et 12. Stigmate du *Rubus odoratus*. — 10. Papilles composées. — 11. Etat des cellules peu avant l'imprégnation. — 12. Surface du stigmate lors de la germination du pollen. Les parois mitoyennes se sont gélifiées.

Fig. 13. Papilles du stigmate du *Stylidium adnatum*. — *a*, filets de plasma reliant le nucleus à la paroi; *b*, gouttelettes d'huile sécrétée à la surface.

Fig. 14 et 15. Papilles stigmatiques du *Glaucium fulvum*. — 14. *a*, huile obstruant la base de la papille et se résolvant en gouttelettes dans le sommet. — 15. *a*, boyau pollinique au contact de la paroi de la papille.

Fig. 16. Sommet d'une papille stigmatique de l'*Hypericum perforatum*. — La paroi est différenciée en trois couches dont la moyenne se gonfle considérablement dans la potasse étendue.

Fig. 17. Papilles du stigmate du *Pittosporum sinense*.

Fig. 18. Papille composée du stigmate du *Cypripedium Rœzlii*.

Fig. 19. Papilles composées du stigmate du *Passiflora*.

Fig. 20. Papilles du stigmate du *Convolvulus althæoides*. — *a*, amidon.

Fig. 21. Cellule du tissu conducteur dissocié du stigmate du *Solanum*. — *a*, gouttes d'huile sécrétées à la surface.

Fig. 22. Cellules du tissu conducteur dissocié du *Ribes aureum*.

PLANCHE 24.

Tissu conducteur des Heliotropium, Apocynum, *etc.*

Fig. 1. Poil collecteur du *Prismatocarpus* rentrant dans sa base.

Fig. 2 et 3. Papille du stigmate du *Geranium macrorhizon*. — La surface porte quelques petites gouttelettes d'huile sécrétée. Dans la potasse diluée, on voit le sommet de l'article supérieur (fig. 2) se différencier en deux couches dont l'externe se gonfle.

Fig. 4. Coupe transversale du sommet du style du *Vinca minor*. — Accolement des deux épidermes internes *a* des carpelles. Il se forme des trachéides dans l'épiderme *e* et dans le parenchyme fondamental.

Fig. 5. Coupe longitudinale du style de l'*Heliotropium grandiflorum* dans la région *a* de la figure 10.

Fig. 6 *a*, 7 *b*, 8 *c* et 9 *d*. Coupes transversales successives à travers le sommet suivant les lignes *a*, *b*, *c*, *d* de la figure 10. — Les parties non hachées représentent le tissu conducteur.

Fig. 10. Coupe longitudinale par le style de l'*Heliotropium*. — Les parties non hachées représentent le tissu conducteur.

Fig. 11. Coupe longitudinale par le style d'un *Heliotropium*.

Fig. 12. Surface stigmatique d'un pistil jeune d'*Heliotropium*.

Fig. 13. La même surface dans un pistil plus âgé ; l'épiderme prismatique s'est développé en papilles aciculaires.

Fig. 14. Papille du plateau stigmatique du *Vinca minor* recouverte de gouttelettes de matière grasse.

Fig. 15. Papilles aciculaires du plateau de *Vinca minor*. — *a*, gouttes d'huile.

Fig. 16. Coupe longitudinale par le style d'un *Tournefortia heliotropioides*.

Fig. 17. Pistil de l'*Heliotropium grandiflorum*.

Fig. 18. Pistil de l'*Apocynum venetum*.

Fig. 19. Coupe longitudinale du sommet du style de l'*Apocynum*. — *a*, trachéides ; *p*, papilles.

DEUXIÈME THÈSE

PROPOSITIONS DONNÉES PAR LA FACULTÉ.

1° Divisions et principales familles des Dicotylédones gamopétales.

2° Comparer les divers modes de formation des œufs et des spores dans les différentes familles du groupe des Oomycètes.

3° Caractères et rapports des principales divisions du Règne animal.

4° Rapports des animaux fossiles avec les animaux vivants.

Vu et approuvé, le 20 mars 1879 :
Le Doyen de la Faculté des sciences,
MILNE EDWARDS.

Vu et permis d'imprimer :
Le Vice-Recteur de l'Académie de Paris,
GRÉARD.

PARIS. — IMPRIMERIE DE E. MARTINET, RUE MIGNON, 2.

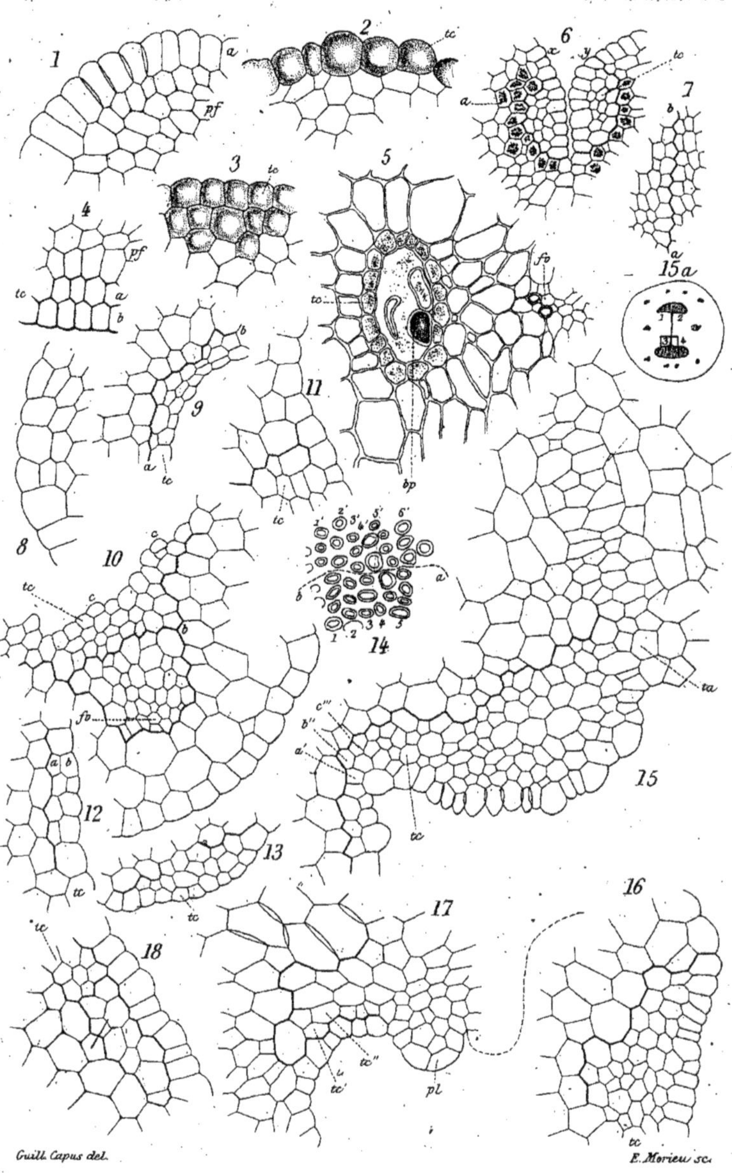

Formation du tissu conducteur.

Imp. Becquet, r. des Noyers 37 Paris.

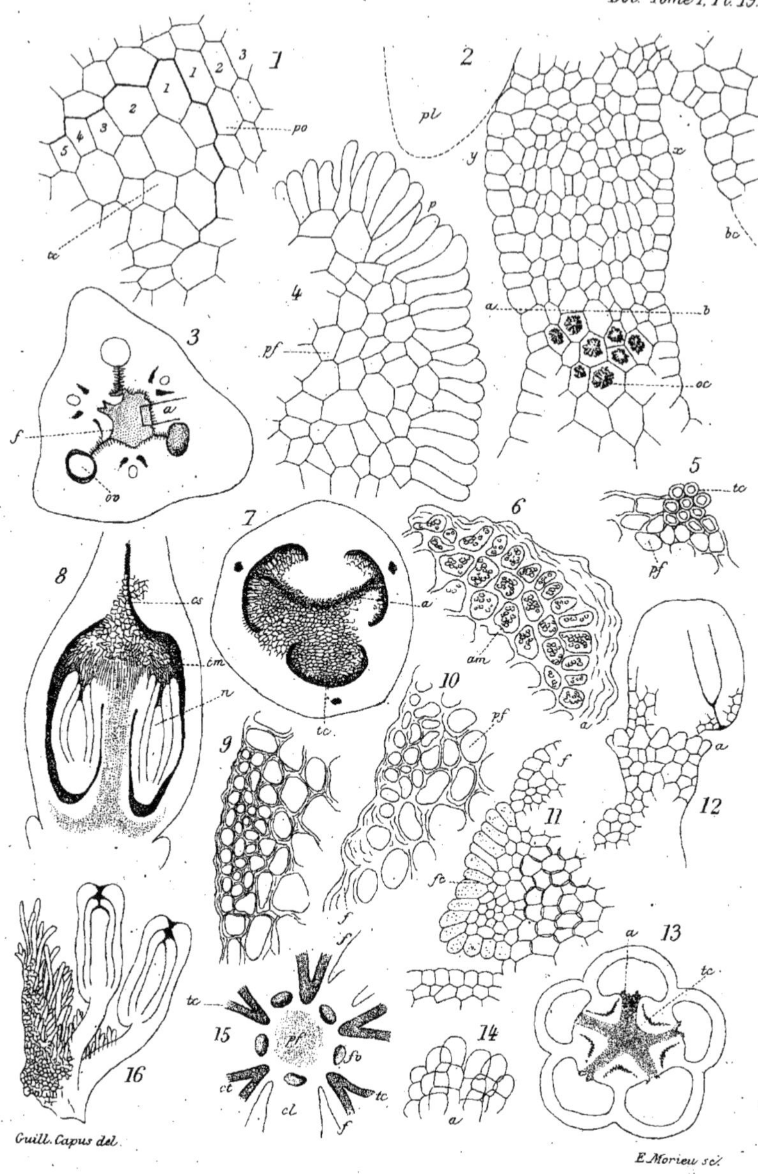

Guill. Capus del. E. Morieu sc.

Tissu conducteur dans l'ovaire.

Imp. Becquet, r. des Noyers 37, Paris.

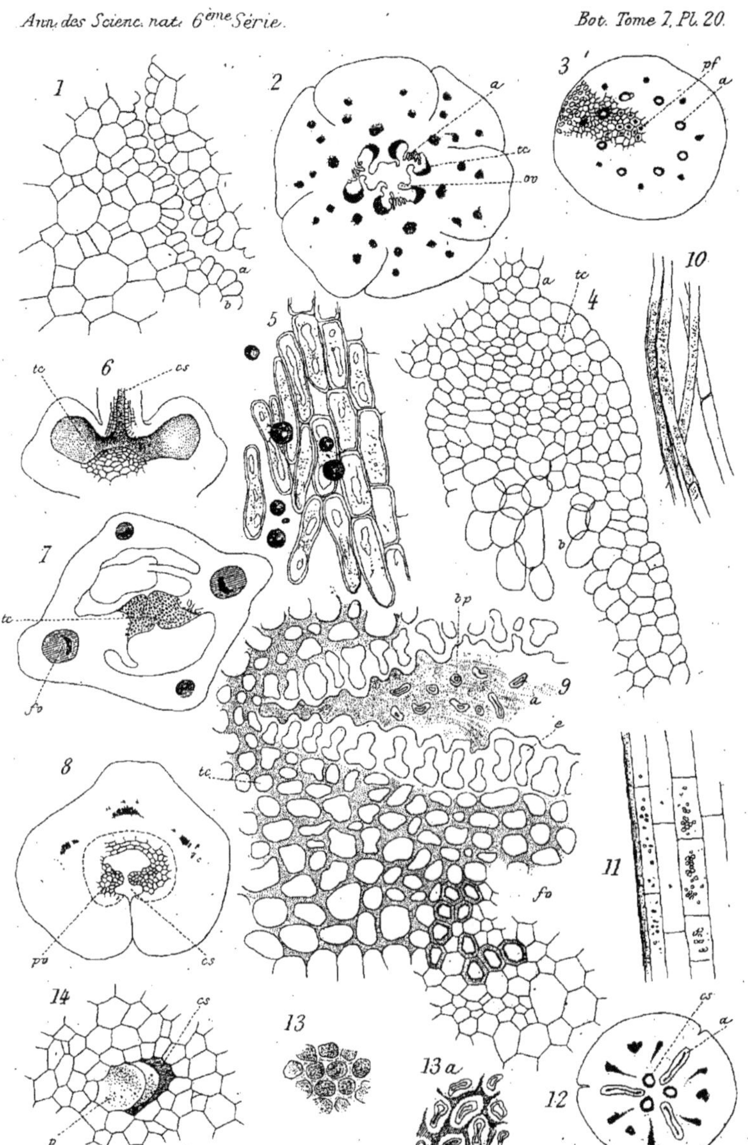

Guill. Capus del. E. Morieu sc.

Tissu conducteur dans le style.

Imp. Becquet, r. des Noyers 37, Paris.

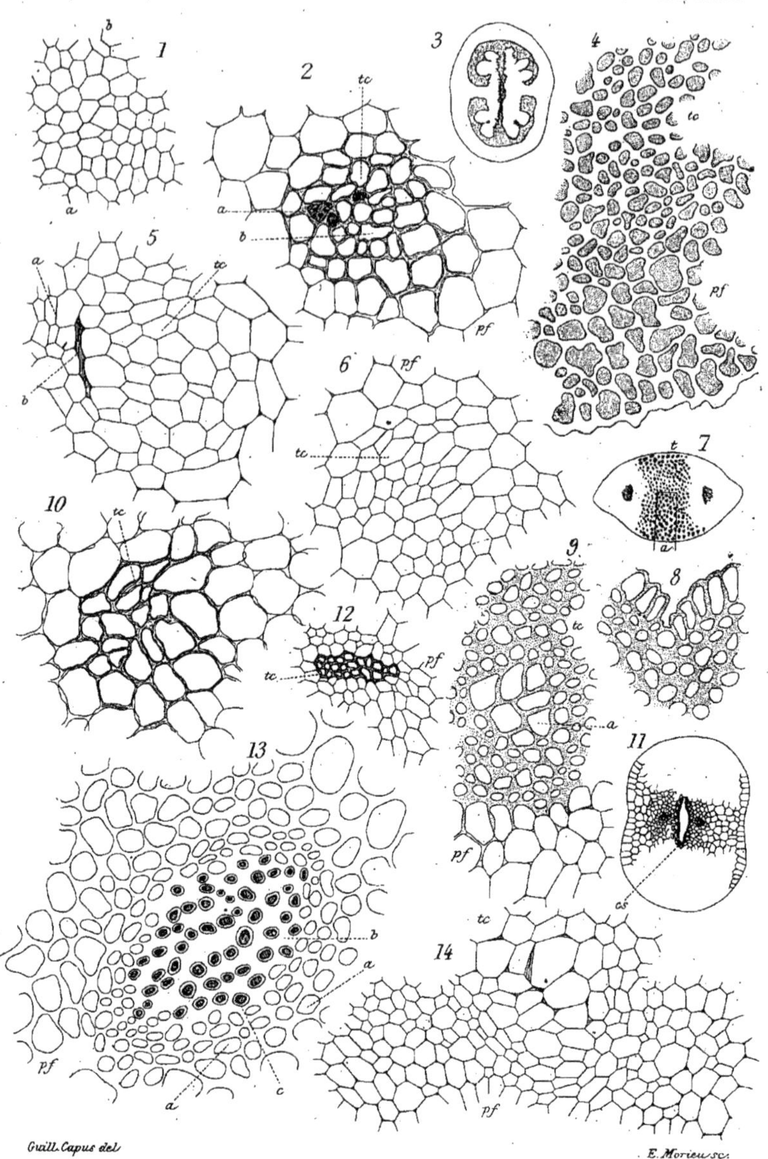

Guill. Capus del. E. Morieu sc.

Formation du tissu conducteur plein.

Imp. Becquet, r. des Noyers 37, Paris.

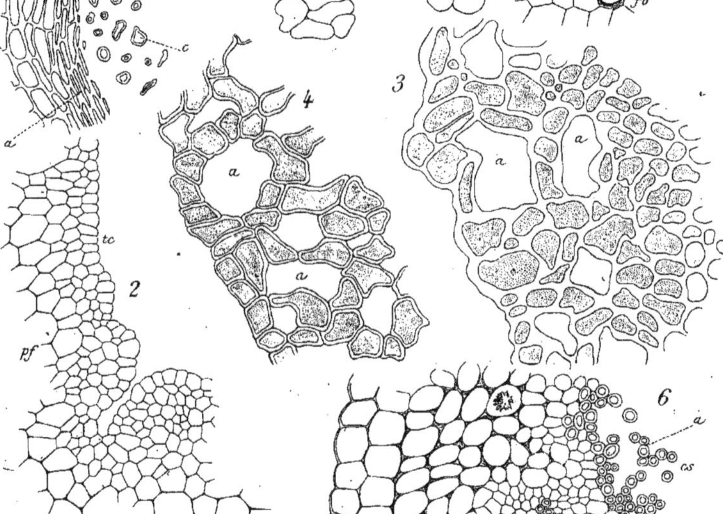

Guill. Capus del. E. Morieu sc.

Dissociation du tissu conducteur dans le style.

Imp. Becquet, r. des Noyers 37. Paris.

Guill. Capus del. E. Morieu sc.

Papilles stigmatiques.

Imp. Becquet, r. des Noyers 37. Paris.

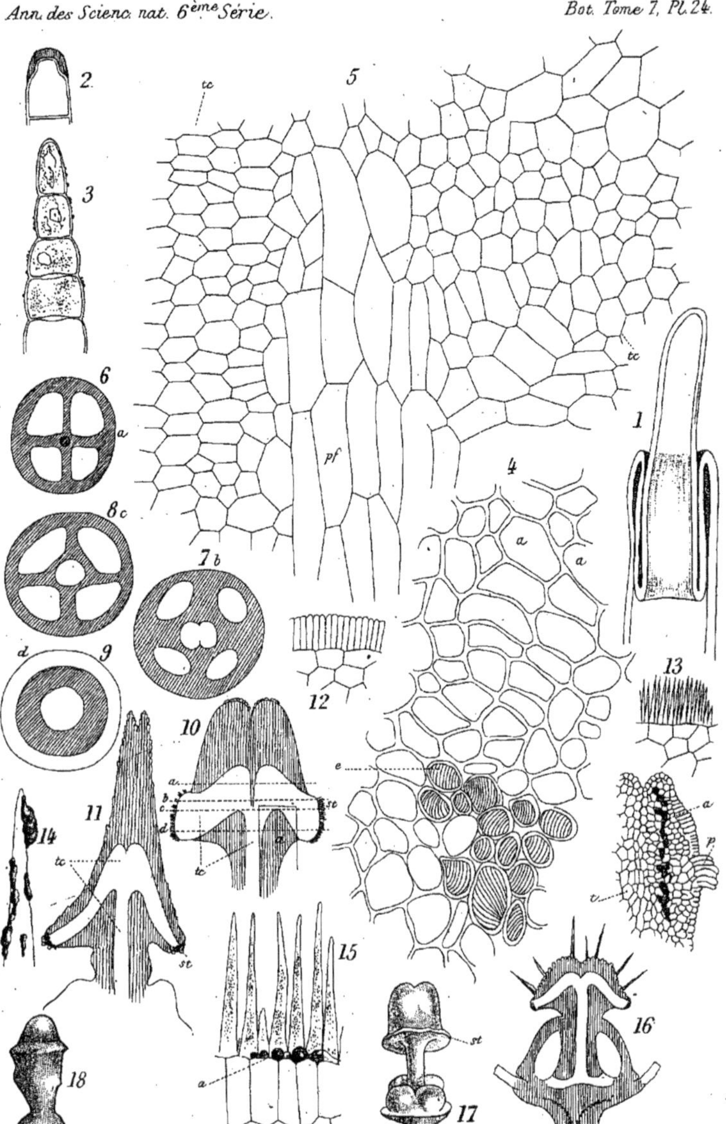

Guill. Capus del. E. Morieu sc.

Tissu conducteur des Heliotropium, Apocynum, etc.

Imp. Becquet r. des Noyers 37. Paris.

www.ingramcontent.com/pod-product-compliance
Ingram Content Group UK Ltd.
Pitfield, Milton Keynes, MK11 3LW, UK
UKHW020202200726
13856UKWH00003B/1150